蒼生のミャンマー

農村の暮らしからみた、変貌する国

髙橋昭雄
TAKAHASHI Akio

明石書店

はじめに

一九八六年、当時「ビルマ連邦社会主義共和国」と呼ばれていた現在の「ミャンマー連邦共和国」の農村を私は初めて訪ねた。それ以来、自らミャンマー（ビルマ）語で作成した質問票を携えて、二〇〇を超える村々を訪ね、一万人を超える人々にインタビュー調査を行ってきた。私の専門は経済学であるので、土地面積、家畜頭数、作物別生産量、販売価格、肥料や農薬の投入量、雇用形態別労賃、就業日数、借入金額等々、数字を入力する項目が質問票のほとんどを占めていた。それを細かく分析することによって、ミャンマー農村の土地制度、農業生産、農外就業、農家経済、雇用関係、経済階層、農業政策、などについて、様々な発見と新解釈を公にしてきた。だが、これらの数値を体系化する時、村人と国家あるいは村人と村人との関係を言い表す時、ミャンマー農村のミャンマー的特質を提示する時、私を導いてくれたのは、質問票の外から来た言葉だった。それは質問票が想定しない回答だったり、村人に日本の村について語っている時だったり、偶然見かけた村人の立ち居振舞いだったり、村人同士が相談や口論をしている時だったり、ふとしたことから好奇心のアンテナに引っ掛かってきたものであった。

例えば、行政組織と村人たちとの間の違法だが必須の妥協や黙認を表す「ナーレーフムー」〔髙橋一九九二：一〇四－一〇五〕は、私の農村調査を「黙認」してくれた村役人が私に言ったフレーズだった。農業雇用労働の他、草刈り、道路工事、薪拾いなどの日雇いで糊口を凌ぐ人々を表す「チャーバン」〔髙橋一九九二：一六九〕は、彼らが自らの生計について私と雑談していた時に出てきた単語だった。親族関係で結ばれていない村人同士の関係を表す「ヤッスェ・ヤッミョー（場の親族）」〔髙橋二〇一五：一九〕を知ったのは、村の選挙を管理する「ヤッミー・ヤッパ（場の父母）」の由来を村人たちと議論している時だった。他にも、農家が作物の作付面積と供出量を国家と契約する「ティーザー・フマッポンティン（小作人登録帳）」〔髙橋一九九二：六四〕、季節雇いの農業労働者を表す「サインガー」〔髙橋一九九二：一〇〇‐一〇二〕、雇用主と農業労働者との関係を端的に示す「カッパー（寄生生物）」といういささか差別的な言葉〔髙橋二〇〇〇：一八七〕等々、ミャンマー農村で何気なく話されている言葉を、ミャンマーの政治、社会、経済を理解するキーワードとして、学術的に再定義し、数々の論文を書いてきた。

「神は細部に宿る」という言葉がある。建築や美術などの作品全体の完成度を上げるには、細部に徹底的にこだわり、それが全体に反映されなければならない、といった意味であろう。ここから派生して、細部にこそ真相や真理に辿りつくヒントがある、といった解釈もある。それは調査研究に基づく著作にも言えることであろう。そして私にとっての細部は質問票の外にあった。

本書は、そのような「細部」にこだわりながら、ミャンマーの農村に生きる人々の日々の暮らしを、国家の政策、土地制度、宗教、民主化や近代化といった大きな流れの中で位置づけようという意図で書かれた様々なエッセイを集成したものである。これらは、フジサンケイ・ビジネスアイ紙上で、二〇一三年から現在に至るまで、五三回にわたって、「ミャンマー農村見聞録」シリーズとして掲載された。本書では、この五三本のエッセイの順番を入れ替えてテーマ別に編集した。ただし各章の中においては、発表順に並べてある。

学術論文ではなく、紀行文的なエッセイという形で新聞紙上に掲載したのには理由がある。第一は、調査期間が二、三日から一週間と短すぎて、論文にするにはデータが十分ではない場合。それでも訪ねた村々の特徴や人々の暮らしは叙述できると判断した。第二は、学術論文のテーマには適さない場合。特に個人の生き様を描く時や私自身の個人的経験を語る時にはこれが当てはまるであろう。第三は、論文としてまとめる前に頭出しをする場合。私が一九八六年から定点観測をしているズィーピンウェー村とティンダウンジー村の社会経済変化がこれに当たる。第四は、すでに学術論文として発表した論文のエッセンスを噛み砕いて書く場合。ミャンマー農村の Everyday life を描出することがエッセイの目的であったが、第8章では、それらの概念化・理論化を試みている。

本書は、新聞紙上に掲載されたエッセイ六本もしくは七本をまとめて一章とする、八つの章から成り立っている。

第1章の「ミャンマーの農業・農村の構造変化」は、二〇一三年に最初に書いた三本のエッセイから始まる。そこでは、ミャンマー農村には農家が少ないといった農村の基本構造、コメの重要度が落ちてきているという農業の変化、そして機械化や化学化といった農業・農村の近代化の概要が語られる。さらに二〇一四年に三一年ぶりに実施された人口・世帯センサスをもとに、一九八三年からのマクロレベルの社会経済変化を三回にわたって分析した。

第2章の「民主化と農業・農村」の前半は、アウンサンスーチー率いるNLD（全国民主連盟）が圧勝した二〇一五年一一月の総選挙前の様子が、二〇一二年に制定された「町区・村落区行政法」に基づいて行われた選挙で当選した村長の話、農民発展党と農民組合の話、総選挙前の候補者の選挙運動の話の三話で語られる。。次にNLDの経済政策と農業政策、そして同政権成立後の一〇〇日計画と続く。そして最後は、農地奪還運動と農村の民主化を支援するNGOの話である。

第3章の「近代化と農村社会」は、近代化を、脱農化・動力化・電化・情報化といった視点から捉えた三つのエッセイから始まる。そしてタイ国境の町における人とモノの移動の自由化、カチン州の山奥の村の観光化と続く。最後の二話では、二三年ぶりに調査した中央乾燥地の農村の経済変容について詳述した。

第4章の「村で生きた人、村を出る人」では、まず村で生きた人として、私が一九八六年から定点観測を続けているズィーピンウェー村とティンダウンジー村でそれぞれ村長を務めた長老の生涯について語る。この二つの話の間には、大都市ヤンゴンの古本屋街という「村」で生き、若くして生涯を閉じた古本商の話が入る。次に、村を出る人として、千葉の農家で働くミャンマー人の話、タイへ出稼ぎに行くカレンの人々の話、山奥の焼畑からはるばるマレーシアまで働きに行くチンの人々の話を載せた。

第5章の「宗教と経済の連関」では、まずはシュエテインドー・パヤー（パゴダ）という名のティンダウンジー村のパゴダの発展がもたらした様々な経済効果を三回にわたって書き綴る。さらに同村で発生した金融講のミャンマー的特徴に関する話が続く。次にずっと南に下って、もう一つの定点観測点のズィーピンウェー村の村長と僧院長が自費で日本にやってきた話と、一九八七年にこの村で豚を飼っている家を何件も訪ねたことに始まる、仏教と豚飼いの話でこの章は終わる。以上、宗教といっても、ミャンマー国民の九割が信仰すると言われている仏教［農村見聞録㊺］のみしか扱われていない。キリスト教については、すでに書いたことがある［髙橋一九九二：四七、髙橋二〇一二：一六三－一六五］。イスラム教については、牛を解体する村とサトウキビを栽培する村を訪ねたことがあるが、まだ論文にはしていない。今後の課題としたい。

第6章の「農産品からみる社会経済変容」では、ミャンマーで生産される様々な農産物をめぐって展開する社会経済の態様が描かれる。初めの三話は、ミャンマーの最重要作物であるコメに関するものである。精米所、種子、そしてコメ市場について語られる。続いては新作目とも言うべき西瓜の話。中国との密接な関連が指摘される。その次は、これもごく最近盛んになってきた酪農の話。農産物は関係なさそうだが、マメが重要な役割を果たす。最後の二話は、ミャンマー特有の葉巻たばこの話である。伝統産業による見事な産地形成が見られる。

第7章の「治乱に向き合う」では、主にシャン州北部の内戦とその前後の平穏な村社会が描写される。最初はナムサンというお茶の産地に住むパラウン民族の村の経済的変貌、さらに山中を東に向かって、中国と国境を接するコーカン自治区の農村経済と季節労働者の話と続く。次の一話だけは、大洪水に見舞われた、ヤンゴン近くの村の話である。僧侶が救命胴衣を着て援助物資を運んでいるのには、ちょっと驚いた。そして再びシャン州に戻って、戦乱を逃れて大移動し、新しい村を作った、リス民族のオーラルヒストリーと現在の繁栄が描出され、最後に私が巻き込まれたコーカンの内戦の様子が二回にわたって語られる。

第8章の「ミャンマーの村とは何か」に収録したエッセイは、既成の常識や理論に疑義を呈する、という点で共通している。相続、農業水利、土地制度史、組織、そして村とはこういったものだと考えられていた概念がここでは覆る。細部にこだわった綿密なフィールドワークから、こうした議論を提起することこそ、地域研究のだいご味であり責務でもあると考える。

以上、本書に集録したエッセイは、一話完結の限られた字数で、新聞読者向けに書かれた、いわば私の調査研究余瀝ともいうべきものであるが、だからこそエッセンスが詰まっているということもできる。それでも今読み返してみると、まだまだ書き足りない点があったり、時代遅れになっていたり、議論が収斂していないところがあったりと、修正すべき箇所がいくつか見つかる。そこで、新聞社への原稿提出時に長すぎて削られた部分や新聞に載せる際には不適切だと言われて修正せざるをえなかった箇所については、元の原稿どおりに戻した。しかし、新聞に載った時点のミャンマー農村の有様を大事にしたいので、現時点から見た場合に修正すべき点があってもそのままとし、どうしても書き加えたい時は、エッセイの最後に「追記」を加えるだけにとどめた。

蒼生のミャンマー——農村の暮らしからみた、変貌する国

＊

目次

第5章 宗教と経済の連関 113

第8章 ミャンマーの村とは何か 179

第1章　ミャンマー農村・農業の構造変化

1．ミャンマー農村の基本構造

私は、ミャンマーがビルマ式社会主義という体制をとっていた一九八六年からミャンマーの農村部を調査し始め、訪ねた農村は優に二〇〇ヵ村を超える。知られざる、あるいは私しか知らないミャンマーの農村部の状況についての連載にあたり、ミャンマー農村の基本構造について概観することから始めることにしよう。

ミャンマー農業灌漑省傘下の土地査定・記録局（当時）によると、二〇〇九年時点の農村部居住人口は約三〇〇〇万人、世帯数は約六三六万、平均世帯員数は四・七二人である。この数値は都市近郊農村や辺境部の農村を含まないので、農村人口がこれよりも多いことは間違いないが、ミャンマーの全人口六〇〇〇万の四分の三が農村に居住する、と言われているほどには農村人口は多くないのかもしれない。

また貧しいミャンマー農村というイメージから、ミャンマーの農村世帯といえば、三世代同居でしかも子供がたくさんいる大家族世帯を想像しがちだが、これは明治期の日本農村等からの類推にすぎない。ミャンマーの農村世帯のほとんどは核家族世帯であり、数値に見るように子供は二、三人である。拡大家族で子沢山というイメージは当てはまらない。

最近でこそ兼業化や非農家化が進んでいるが、日本の農村に住む人々は農地を持ち農業を営んでいるものと一般には考えられてきた。ミャンマーはどうだろうか。同統計によると、六三六万世帯中、農地を持っている世帯は約三二一万、農地は持っていないが、農地を持っている者に雇われて農業労働に従事する世帯が約一一六万、農地を持たず農業にも従事しない世帯が約一九九万、となっている。ミャンマーの場合、農地の所有権は国にあり、農民は農地耕作権を持つにすぎず、それは二〇一二年に公布された農地法でも変わっていない。この耕作権を持っている世帯が農村居住世帯総数の半分にすぎないことをこの数値は示している。特にエーヤワディー、バゴー、ヤンゴン各管区域とカレン州といったコメどころに土地なし世帯が多く、シャン州やチン州といった山間部には少ない。ミャンマー農民の平均耕作規模は世帯あたり三ヘクタールと日本の三倍にもなるが、農村土地なし世帯を含めればその半分になってしまう。また農地保有世帯間の規模格差も非常に大きい。日本が第二次大戦後に行った農地改革と同様の試みが、ほぼ同時期に独立直後のミャンマーでも行われたが、日本では成功しミャンマーでは失敗したために、このような状況が現在に至るまで残ってしまったのである。ミャンマーは国内総生産に占める農業の構成比が四割近くもある農業国であるが、村に入ると、農地を持たない世帯が半数を占め、農業に従事しない世帯も三割を超えるという、農地改革後の日本の農村とはかなり違った構造を目にするのである。

さて、所有権であろうと耕作権であろうと、農地を保有して農業を営む世帯を日本では「農家」というが、ミャンマーにはこれに当たる言葉がない。日本の統計では、経営耕地面積や農産物販売額でまず「農家」を定義し、その世帯構成員の中から、農民に当たる「農業就業人口」をカウントする。まず「イエ」ありきである。ミャンマーでは逆に、耕作権を保有する者を「農民」とし、その個

田植えの前に、苗代から苗を抜き、2頭立ての牛でこれを水田に運ぶ農業労働者たち。これは男の仕事であるが、田植えは女たちによって行われる。耕作権者保有者である私の友人は水田には入らず、これを見ているだけであった。2012年8月、上ミャンマー、チャウセー郡の村にて、筆者撮影

人が生計を支える世帯を「農業世帯」とする。まず個人ありきである。こうした定義は農村社会の実情を反映したものである。日本の農家の長男はイエを継ぐことを陰に陽に求められるが、ミャンマーには、苗字や○○家の墓がないことに象徴されるように、「イエ」がないのでその必要はない。親の農地を相続したが、処分してしまって他の職業を始める者も多い。ましてや、土地を持たない村人たちは、頻繁に職種を変え、居所を変える。階層間すなわち垂直的移動も、村落間すなわち水平的移動も、日本と比べて、より制約が少なく、より頻度が高い。ミャンマー農村は流動性の高い社会であり、適切な就業機会があれば、豊富な労働力を低い取引費用で引き出せるポテンシャルがあると言うことができるであろう。

〈農村見聞録①二〇一三年四月一一日〉

(追記)本稿執筆後の二〇一四年に行われた世帯・人口センサスによると、センサス実施地域の全人口五〇二三万中農村人口は七〇%の三五四〇万、全一〇八八万世帯中農村の世帯数は七八三万世帯と七二%

を占める。農村の一世帯当たり世帯員数は四・三五人。

2．減少する水田とコメの比重

前回「農村見聞録①」は、日本の「農家」とミャンマーの「農民世帯」の違いについて説明し、その世帯数は農村に居住する総世帯数の半数を占めるにすぎないことについて述べた。今回は、この農民世帯すなわちミャンマー的農家が耕作する農地とそこで栽培される作物について考えてみることにしよう。

ミャンマーでは、農地の地目は、水田（レー）、畑（ヤー）、樹園地（ウーイン）、カイン、ニッパヤシ園（ダニ）、焼畑（タウンヤー）の六種類に分類される。前三地目は日本にもあるが、後三地目は日本にはない。カインとは雨季に水の底に沈むが、乾季に姿を現して耕作可能となる肥沃な土地のことである。ニッパヤシはデルタ地帯の河川沿いに広範に見られ、主に屋根材として利用される。焼畑はシャン州、チン州、カチン州などの山間部で主に営まれる。ただし、農地の八割方は水田と畑であり、レーヤーと言えば農地全般を表す用語となる。軍事政権が登場したころ（一九八八年）、全農地面積（作付純面積）は約八二〇万ヘクタールで、構成比は水田六〇％、畑二五％、樹園地六％であったが、二〇一〇年には農地面積が一三五〇万ヘクタールに増加し、水田が五割を切る一方、畑が三〇％、

村に新登場したコンバイン・ハーベスター。後方に見えるのは村役場。2013年3月、ヤンゴン管区フレグー郡にて、筆者撮影

樹園地が一四%とその構成比が増加した。

ミャンマーと言えば、コメの国。ビルマ式社会主義が始まる一九六〇年代初頭には、作付面積の六割は水田で作られる水稲が占めており、世界一のコメ輸出国だった。それが社会主義崩壊時の八八年には五割を切り、軍政期にも漸減して、二〇一〇年には三割近くにまでなり、輸出もほぼ皆無となってしまった。水田面積比の減少と歩調を合わせて、ミャンマー農業に占める稲作の比重も着実に低下してきているのである。また、王朝時代の輸出品であった棉花、植民地期に導入されたサトウキビ、日本軍が持ち込んだジュートは、コメ産業と同様に流通や加工が国営化されたために、衰退の一途をたどった。これらに対し、重要度を増しているのが、畑や水稲の裏作として水田で作られる、マッペ（ケツルアズキ）、リョクトウ、キマメ、ヒヨコマメ等のマメ類である。また、中国からの旺盛な需要に対応して、荒蕪地を開発して植えつけられるゴムも急速に栽培面積が増加している。マメ類の作付け増加は畑の増加に、ゴムの植栽増加は樹園地の急増に対応している。

とは言うものの、最も広く栽培されているのはコメであり、構成比は減少しているものの作付面積

も生産量も増加している。またコメはミャンマーの主食であり、一人当たり年間消費量は一八〇から二〇〇キログラムと見積もられており、日本の四倍以上である。歴代の政権は、農業分野ではコメの生産を最重要視してきたし、それは現在でも変わらない。さらに民主化後、コメの輸出が急増しており、コメの国ミャンマーの復活が囁かれ始めている。

コメの増産に寄与したのが、一九七〇年代後半から、日本の経済援助とともに導入された高収量品種米である。現在では高級米を除いて、国内消費も輸出もこの品種群が大半を占めるようになった。さらに二一世紀になってからF1ハイブリッド米が普及し始めた。こうした新品種の栽培に欠かせないのが、灌漑である。ミャンマーの灌漑率は一九八八年の一二%から、二〇一〇年には二五%と倍増した。これによって二期作が増加し、単収の増加につながった。ただし、新品種米は栄養分を与えなければその高収量性を発揮できず、また病虫害に弱いので、化学肥料や農薬が必要である。さらに二期作には手早い適期作業が要求されるので、牛で耕起や脱穀をしていたのでは間に合わなくなり、耕運機や脱穀機が急速に普及している。ミャンマーのコメづくりは二一世紀に入って化学化や機械化が進み、それに伴って金のかかる農業に変貌してきた。こうした技術変化は当然農村社会の変化を引き起こす。これについては次回［農村見聞録③］に詳述することとしよう。

〈農村見聞録② 二〇一三年五月一〇日〉

3. 農業の近代化と農村社会の変容

今回は、水稲の二期作化に伴う農法の変化とそれがもたらす農村社会への影響について考えてみる。機械が牛にとってかわりつつあることはすでに述べたが、この現象のミャンマー的特徴から話を始めることにしよう。

ミャンマーで農業に使われる畜力はビルマ（インド）牛の去勢牛すなわち役牛か雌雄の水牛である。前者はビルマ民族の住むイラワジ川中下流地域に多く、後者はデルタ地帯や山岳部に多く見られる。牛の主な仕事は、田植えの前に田起しや代掻きをしたり、稲刈りの後に稲束を踏みつけて脱穀したり、籾や肥料を運んだりすることである。農地耕作権を保有するが牛を持っていないという農家はデルタ地帯には多くない。村から農地が遠く離れている場合が多く、水田の中に出作小屋を作って、農繁期には人も牛もそこに一か月も二か月も留まっているので、隣近所で貸し借りするということが難しいからである。また水田と村が近い上ミャンマー（バガンやマンダレー周辺の歴代王朝の栄えた中央平原部）の村々でも、「レッサー・アライッ」と呼ばれる無料の畜力交換はあるが賃貸借は少ない。

ところがここに耕運機や脱穀機が入ってくると事情は異なってくる。このような機械が購入できるのは村でも上層農家だけなので、その他の農家はこれを借りるしかない。牛に関してはあまり見られなかった、農機の賃貸借が急速に広がってきたのである。これは一方で上層農家に新たな所得源をもたらすことになり、他方では農機のレンタルによって、これらを購入できない農家にまで機械化が広まることになった。大型農機のレンタル市場が発達せず、小中型農機一式をすべての個別農家が持つことによって機械化が普及した日本の場合とは状況がかなり異なる。

ただし、この農業の機械化の阻害要因となっているのが、道路の問題である。［農村見聞録①］に載せた写真のように、苗代から本田まで苗を運ぶのには狭い畔を越えねばならず、それは牛でないとできない。また、田起しをする水田まで耕運機を牛車で運んでいく、という笑えない話もある。農道の整備や耕地整理が進まない限り、ミャンマーの農地から完全に牛が姿を消す、ということはないであろう。

牛で踏みつけて脱穀した籾を風選する農業労働者。風で塵や粃（しいな）を飛ばしている。このような光景は、脱穀機の導入によってほとんど見られなくなった。1995年、ヤンゴン近郊の農村にて、筆者撮影

以上は農家の問題であるが、二期作化や機械化は、先述の、農地耕作権を持たず、農家に雇用されて食べている農業労働者層にも多大な影響を及ぼす。まず「二期作」とは文字通りコメを年に二回作ることであるから、田植えも稲刈りも二回することになり、雇用機会も二倍になる可能性がある。ところが機械化がこの倍増効果を打ち消す方向に

働く。耕運機は牛の何十倍も能率がいいので、牛を操縦する労働者はいらなくなるし、脱穀機が入れば、牛が踏むために稲束を並べたり、これを反転させたり、籾を風選したりする労働力は不要になる。さらにコンバインになると稲刈り労働も不要になる。農業労働者の雇用機会は増えるどころか減る可能性があると言えよう。

農業労働者たちは日雇や歩合で雇用されることが多いため、毎日雇用機会があるわけではなく、さらに農閑期ともなると農業雇用労働からの収入はほとんどなくなる。そんな時は道路工事、屋根葺き、精米所の荷役などの日雇に従事するが、それでも仕事がない時は、水田で魚や蛙をとって糊口を凌ぐ。鼠や蛇を捕ってこれを生業とする者もいる。二期作化に伴う化学肥料や農薬の使用は、貧しい労働者たちの貴重なタンパク源であるこうした水田の生き物の生息域を奪うことにもなる。

近代化によって失われていく雇用機会や食料源は、近代的な製造業、建設業、サービス業などの新たな産業部門の発展によって代替していくしかないであろう。事実、そのような動きが顕在化しつつある。だがミャンマー農村の近代化は緒に就いたばかりであり、その方向性を推断することはまだできない。

〈農村見聞録③　二〇一三年六月一四日〉

4. 人口・世帯センサスによる都市・農村比較

二〇一四年三月二九日から四月一〇日にかけて実施された「二〇一四年ミャンマー人口・世帯センサス」の結果が二〇一五年五月二九日に公表された。ミャンマー語ではこのセンサスを「ダガウン・サイン」、すなわち「真夜中の統計」と呼ぶ。今回は一四年三月三〇日の夜中の午前〇時の人口および世帯状況が戸別訪問方式で調査された。小稿では、センサスの「意外な結果」に注目しつつ、都市部と農村部を比較してみることにしよう。

同センサスによると、ミャンマー連邦の人口は、五一四八万六二五三人で、うち一二〇万六三五三人は、治安上の理由で調査ができなかったラカイン、カチン、カレン諸州の一部地域の推計人口である。センサス前まで政府や国連機関が使ってきた六〇〇〇万人よりずっと少ない。この結果から、二〇〇三年から二〇一四年までの年平均人口増加率はわずか〇・八九%であった、と報告書は推計している。

女性人口を一〇〇とした男性人口、すなわち性比は九三と、前回の一九八三年センサスの九八・六よりも大幅に低下し、東南アジア諸国連合（ASEAN）では最低である。出生時性比は一〇二から一〇五と男性が多いが、四〇歳代で九〇、六〇歳代で八〇と性比が減少する、すなわち男性の死亡率が女性よりも高いのがその要因である、と報告書は分析する。

都市部に住む人口の割合すなわち都市化率は二九・六%、とこれもASEANで最も低い。総人口

2014年センサスの戸別訪問調査を行う調査員。国連人口基金ミャンマー事務所（UNFP Myanmar）提供

の四・七％が住む「病院、寮、軍隊等の施設（Institutional household）」以外の普通世帯の世帯員数は四・四一人であり、都市部では四・五三人、農村部では四・三五人と、後者の世帯規模が若干小さい。一人の女性が一生に産む子供の平均数、すなわち合計特殊出生率は、全国平均二・二六、都市部一・一九、農村部二・五二と、こちらは後者の方が多い。センサスから八割は核家族世帯であると推定できるので、農村部は大家族というような固定観念は、ミャンマーの農村には当てはまらない。

　生産年齢人口（一五～六四歳）に占める労働力人口、すなわち労働力率は、都市部六二・六％、農村部六九・一％と農村部が高く、失業率は都市部四・八％、農村部三・六％と逆に都市部が高い。農村部には日雇農業労働者のような「偽装失業」層が大量に存在するので、一概に言うことはできないが、都市に出れば雇用機会に恵まれるとは限らないと推測しうる。

　生産年齢人口一〇〇人が年少者（一五歳未満）と高齢者（六五歳以上）を何人支えているかを見てみると、年少人口指数四三・七、高齢者人口指数八・八、すなわち従属年齢指数五二・五であり、ＡＳＥＡＮでは中位、途上国の平均値に近い。ミャンマーにおけるこれらの指数を都市と農村に分けてみると、都市部では年少人口指数三四・四、高齢者人口指数八・五で計四二・九、農村部では同四七・九、八・九で計五九・八、とすべての指数で都市部を上回る。

　年齢別の就業構造を見てみると、一〇から一四歳の年少者人口の六・五％が都市部で、一二・一％が農村部でそれぞれ就業している。国際基準から見た場合の幼年労働の存在を示唆する数値である。

　早期の就業は教育歴とも関連する。二五歳以上の総人口のうち、教育を受けたことのない者の構成比が都市部では七％であるのに対し、農村部では二〇％にもなる。また小学校（五年制）以下の教育しか受けていない者が、都市部で三〇％、農村部に至っては五二％に及ぶ。経済発展のためには、まず基礎教育の義務化が不可欠である。

　こうした低い教育レベルに対し、僧院教育の普及もあって、識字率は、政府や国際機関の発表によると九二％以上と高い水準を保ってきた。センサスでこれを確認してみると、全国平均で八九・五％と九割を切り、都市部では九五・二％と高いが、農村部では八七・〇％である。性別に見ると、都市部では男性九七・一％、女性九三・七％であるのに対し、農村部では男性九〇・七％、女性八三・八％と農村部女性の低い識字率が目立つ。

　以上、二〇一四年センサスの主要項目について検討してきたが、これらには民族と宗教に関するデータが含まれていない。センサスの質問項目にはあるが、今回は結果が公表されなかったのである。いわゆるロヒンギャ問題や反イスラム暴動に象徴される、民族・宗教問題が影を落としているからである。センサスは単なる数値かもしれないが、それを書き込む各欄には諸々の政治性が絡んでいる。

〈農村見聞録㉖ 二〇一五年六月一二日〉

5. 労働力人口と就業構造から農業と農村を考える

二〇一四年の三月から四月にかけて実施された「ミャンマー人口・世帯センサス」の主なデータ、すなわち都市農村別、男女別、世代別の人口、教育歴、識字率、人口移動などに関しては、二〇一五年五月二九日に公表された。この概要については、[農村見聞録㉖]で述べた。その後、センサス結果の第二弾が「就業および産業」と題して、二〇一六年三月二八日に発表された。今回はこのレポートをもとに、ミャンマーの労働力人口および就業構造を、一九八三年のセンサスからの変化および都市部と農村部との比較を念頭に置きながら考察してみることにしよう。

通常はどの国でも一〇年に一度は行われる人口センサスが、ミャンマーでは一九八三年以来三一年間も行われてこなかった。この間人口は約三四一二万から約五〇二八万に増加した。年平均増加率は一・二六％である。また都市化率は二四・八％から二九・六％に上昇した。それでもASEANで最も低い。

一九八三年の生産年齢人口（一五～六四歳）は約一九六三万人だったから、生産年齢人口対総人口比率は五七・五％となる。これが二〇一四年には六五・六％に上昇した。低下している日本とは対照的に若い労働力が増加していることを示す。さらに、生産年齢人口（一五～六四歳）に占める労働力人口、すなわち労働力率も、一九八三年の五七・二%から二〇一四年には六七・〇%に増えた。都市部では五四・五から六二・六%、農村部では五八・一から六九・一%への増加である。社会主義から市場経済へと移り変わる中で、労働市場への参加率が増えたと考えられる。

ここで気になるのが、一〇から一四歳の年少者のいわゆる児童労働である。一九八三年には、この年齢層人口の三・九%が都市部で、一三・二%が農村部でそれぞれ労働力となっている。この数値が都

横管巻機を操作する少女。村の家内工場では多くの児童が雇用されている。1997年、マンダレーに隣接するアマラプーラ郡にて、筆者撮影

市部では七・六%に、農村部では一三・八%にそれぞれ増加した。農村部では収穫労働や家畜の世話あるいは他家での家事手伝いといった児童労働が依然として多く、都市部では小規模な家内工場や飲食店での児童労働が増加していることを反映している。

以上が労働力に関する考察であるが、続いて就業構造の変化について見ていこう。一九八三年には農林水産業従事者は全就業者の六四・六%だったが、二〇一四年には五二・四%に減った。製造業も九・二%から六・八%に減少したが、建設業が一・三%から四・五%に、商業および飲食・ホテル業が一一・四%から一三・九%、公務・サービス業が六・七%から九・七%にそれぞれ増えた。経済開放下での建設ブームや観光客の増加、輸出入の拡大等によるものと思われる。

農林水産業は農村部における最重要産業である。その就業者数を見てみると、一九八三年には農村部で農林水産業に従事する人口は約七三九万人で、農村部の全就業人口の八〇・四％を占めた。そのうち農地を保有する農民が約四〇一万人（五四・二％）、農地を持たず農民に雇用されて働く農業労働者が約三〇九万人（四一・八％）で、残りの約二九万人（四・〇％）が林業や畜水産業に従事する者であった。二〇一四年になると、農村部の農林水産業就業人口は約一〇四八万になったが、全就業人口に対する比率は六八・七％に減少した。二〇一四年センサスの報告書には農林水産業以下の内訳が載せられていないが、筆者が実態調査で得た感触では、農民に対する農業労働者人口比は増加しているものと思われる。

以上から、一九八三年には全人口の七五・二％が農村に居住し、労働力の八〇・四％が農林水産業に従事していたが、二〇一四年には農村居住人口が全人口の七〇・四％に減少し、農林水産業就業人口の構成比も六八・七％に低下した、という結論を得る。農林水産業就業人口を農業就業人口と読み替えても大きな誤差は出ないが、農業就業人口には農民だけでなく、多くの農業労働者が含まれていることを忘れてはならない。

一九八三年の農業部門の名目GDP構成比は三九・一％だったが、二〇一四年には一九・七％と大幅に下落している。農林水産業就業者の九六％は農業部門に従事しているとして、以上の数値を（農業部門のGDPシェア÷全就業人口に占める農業就業者の構成比）＝（農業部門一人当たり平均所得÷国民経済一人当たり平均所得）という恒等式に当てはめてみると、それぞれ一九八三年についてては六三・〇%、二〇一四年については三九・二%という値を得る。すなわち一九八三年時点ですでに農業部門就業者の平均所得は全就業者の平均所得より三七・〇%低かったが、二〇一四年には六〇・八%も低くなってしまったということになる。社会主義からの移行段階では農業の交易条件が一時的に改善したが、市場経済の進展に伴って、農業は割のいい仕事ではなくなってきたと言えよう。

〈農村見聞録㊲ 二〇一六年五月二〇日〉

6. 人口・世帯センサスにみる三一年の変化

二〇一四年に実施された三一年ぶりの「ミャンマー人口・世帯センサス」について、二〇一五年五月二九日に公表されたデータに関しては［農村見聞録㉖］で、一六年三月二八日にリリースされた第二弾に関しては［農村見聞録㊲］で分析した。その後宗教別人口に関する調査結果が二〇一六年七月二一日に発表されたが、民族別人口は未だ明らかにされていない。今回は見切り発車で、一九八三年と二〇一四年の二つのセンサス結果から、前の論考と一部重複はあるが、この三一年間の変化をまとめてみることにしよう。

表に示したように、人口は約三四一二万から約五〇二八万に増加した。年平均増加率は一・二六%である。当局は一・八から二一%の増加率を見込んで毎年の統計を作成してきたが、それを大きく下回

人口センサスにみるミャンマー社会の変容（1983、2014年）

項目	1983年	2014年
人口（万人）	3412	5028
合計特殊出生率（人）	4.73	2.26
性比（%）	98.6	93.0
都市化率（%）	24.8	29.6
世帯当たり構成員数（人）	5.2	4.4
年少人口0～14歳（%）	38.6	28.6
生産年齢人口15～64歳（%）	57.5	65.6
高齢人口65歳以上（%）	3.9	5.8
老年化指数	10.2	20.1
15～64歳労働力率（%）	57.2	67.0
10～14歳労働力率（%）	10.8	12.1
農林水産業就業人口（%）	64.6	52.4
識字率（5歳以上）（%）	76.6	88.8
高卒以上人口（%）	5.1	10.2
教育歴なし（5歳以上）（%）	48.4	20.2
単独世帯比率（%）	0.8	4.6
女性世帯主比率（%）	16.0	23.7
仏教徒人口比率（%）	89.4	89.8
ビルマ民族人口比率（%）	68.9	（未公表）

り、センサス前まで政府や国連機関が使ってきた推定人口六〇〇〇万よりもずっと少ないことが判明した。合計特殊出生率が一九八三年の四・七三から二〇一四年には二・二六になっており、推計値はこの急減を見誤ったものと思われる。

女性人口を一〇〇とした男性人口、すなわち性比は九三と、前回の一九八三年センサスの九八・六よりも大幅に低下し、ASEAN諸国の中では最低である。出生時性比は一〇二から一〇五と男性が多いが、四〇歳代で九〇、六〇歳代で八〇と性比が減少する。男性の死亡率が女性よりも高いのがその要因である、とセンサスの報告書は分析する。女性世帯主比率が増加した要因でもある。

都市部の人口増加率が一・八四％と農村部の一・〇四％を上回り、その結果として都市に住む人口の比率すなわち都市化率は二四・八％から二九・六％に上昇した。この都市化に伴い、農業人口も変化した。一九八三年には農林水産業従事者は全就業者の六四・六％だったが、二〇一四年には五二・四％に減っている。都市化率の上昇よりも農業人口の減少幅が大きいのは、農村部でも脱農化（De-agrarianisation）が進んでいるからである。

世帯の規模すなわち平均世帯員数は五・一九から四・四一に減少した。都市部では五・一七から四・五四であるが、農村部では五・二〇から四・三五と減少幅が大きく、都市部の世帯規模よりも小さくなってしまった。世帯数が増加する要因は、子供が結婚すると別に家を建てて世帯を構える、「オークェ（「鍋を分ける」の意）」という慣習にある。ここで子供の数が多く親が長生きする傾向がある場合、世帯数は爆発的に増える。しかし、別居した子供世帯の出生率が下がると世帯数の増加ほどには人口は増加しない。すなわち世帯規模は小さくなる。これに農村部からの人口流出が加わってこのような結果となったものと思われる。

生産年齢人口対総人口比率は五七・五%から六五・六%に増加した。生産年齢人口一〇〇人が年少者（一五歳未満）と高齢者（六五歳以上）を何人支えているかを示す従属年齢指数は七三・九から五二・五に減少し、本格的人口ボーナス期を迎えている。ただし老年化指数が倍増していることも見逃してはならない。

生産年齢人口（一五〜六四歳）に占める労働力人口（労働力率）も、一九八三年の五七・二%から二〇一四年には六七・〇%に増えた。社会主義から市場経済へと移り変わる中で、労働市場への参加率が増えたものと考えられる。だがここで気になるのが、一〇から一四歳の年少者の労働力率である。一九八三年の一〇・八%から二〇一四年の一二・一%にわずかに増加した。児童労働が増加していることを示している。

早期の就業は教育歴とも関連する。五歳以上で就学歴のない者は、四八・四%から二〇・二%に減少したが、二〇一四年時点で小学校（五年制）以下の教育しか受けていないものが、都市部で三〇%、農村部に至っては五二%に及ぶ。高卒以上の人口比は三一年の間に倍増したが、それでも一割ほどしかいない。

こうした低い教育レベルに対し、僧院教育の普及もあって、識字率は高い水準を保ってきた。だがＡＳＥＡＮ諸国の経済発展に追いつくためには、高識字率程度では不十分である。まずは基礎教育の義務化、そして中高等教育の充実が急務であろう。

宗教別人口に関する調査結果の公表が遅れたのは、激化している深刻な宗教対立のためである。バングラデシュとの国境地帯に住む、ロヒンギャを自称する（ミャンマー政府はこの呼称を認めていない）一〇〇万人以上と言われるイスラム教徒（ムスリム）は、治安上の理由からそもそも二〇一四年センサスの対象とはならず、過激な反ムスリム運動を主導する仏教徒のナショナリスト団体は、ムスリム人口の増大は国家の「大問題」であるとセンサスの実施前後から唱えていた。社会の「安定」のために宗教人口の公表は遅れ、かつムスリム人口は低く、その分仏教徒人口比九〇％は高く見積もられている可能性が高い。

宗教別人口と同時に公表されるものと思われていた、一九八三年センサスでは公刊された民族別人口が未だに発表されていない。内戦の終結と民族の融和を目指して現在行われている「二一世紀パンロン会議」が成功しないかぎり、公にはされないであろう。

そもそも、両年のセンサスともカチン、カレン、シャン等の少数民族諸州の一部地域では内戦の影響で実施されておらず、どちらのセンサスも一二〇万ほどの推計人口を含む。本当の意味でのセンサス＝全数調査が実現するのはいつになることであろうか。

〈農村見聞録㊺　二〇一七年六月一六日〉

第2章　民主化と農業・農村

1．ＮＬＤ村長の村落統治

現在（二〇一四年）の政権与党連邦団結発展党（ＵＳＤＰ）の創始者でもあるタンシュエ元国家平和発展評議会（ＳＰＤＣ）議長のおひざ元であるチャウセー郡の村々でも野党国民民主連盟（ＮＬＤ）の人気は絶大である。私の友人の一人であるアウンチョー（仮名）氏も熱烈なＮＬＤ支持者で、二〇一二年の選挙でタウンルェー村落区の行政長（ミャンマー語で「オウッチョウッィェーフム」。以下「村長」と訳す）に当選した。村落区はいくつかの村が集まった行政の末端機関であり、日本の行政村に相当するものである。彼は村を発展させようとあれこれ奮闘しているが、そんな彼の行動が村を二分する大騒動を引き起こしている。一四年八月、マンダレーの週刊誌に彼の「悪行」を反対派が訴え、それが紙面一枚を割いて写真付きで大々的に報道されたのである。村に全く取材に来もしないで一方的な署名記事を書くというミャンマーの記者のレベルの低さはともかくとして、事実はどうなっているのだろうか。村長派にも反対派にも私はコネがあるので、ミャンマー人記者に成り代わって村で取材してみることにした。

この記事によると、騒動のそもそもの発端は、アウンチョー氏が村に設置しようとしている配電設備にある。この村はまだ電化率が低く、彼は首都ネーピードーまで行って電力庁に村の配電設備の近代化と大容量化を申し出た。だが一村長の陳情は聞き入れてもらえず、彼は民間企業に依頼することにし、電力庁も自らの懐は痛まないのでこれを許可した。ミャンマー国中で流行っているコートゥー・コータ（自分のことは自分で）主義の一環である。当然一切の費用は村人の負担となり、同村では一世帯あたり三〇〇万チャット（約三四万円）が割り当てられた。村には日当三〇〇〇チャットで暮らす農業労働者世帯が数多く存在し、彼らにとってこの負担金は天文学的な数値である。この額を支払えない者には、もちろん電気が来ない。発言力の弱い彼らに代わって声を上げたのが、大学教育を受けた若者たちだった。彼らは雑誌社だけでなく、四〇人ほどの署名を集めて、村長の罷免をチャウセー郡行政長官（以下「郡長」）に請願した。

アウンチョー氏は、時々すべての村人を対象に、モヒンガーなどの食事を振舞う。2012年8月、チャウセー郡にて、筆者撮影

記事には、これでは村人の負担が重過ぎることやこの事業に伴ってアウンチョー氏が業者から収賄している可能性があることなどの他に、村長選の時に選挙人を買収したこと、マンダレーから連れてきた自らの友人に村の空き地を無料で引き渡して喫茶店を営業させていること、村の僧院長の人事に介入して自分の身内をこれに就けたこと、教育がなくて粗野で横暴なこと等々、とにかくあらゆる不品行が書き並べられている。この情報を雑誌社に持ち込んだ村の青年に話を聞いてみると、アウンチョー氏の行政手法はとにかく専横で、何かというと数の力と金の力に頼ろうとし、支持を得るために貧困層に金をばらまき、チャウセー郡の役人も買収している

とのことであった。学歴のないアウンチョー氏をバカにしているような、この大卒青年の口ぶりは気になったが、周囲の話を聞いたかぎりでは、右記の「事実」はあったように思われる。

だがアウンチョー氏に言わせると、すべては村の発展のために行ったことである。電化は言わずもがな、喫茶店は村の図書室に併設したもので、村人がゆっくり本を読めるようにと思ってしたことであり、前の僧院長が村の行政に介入していたので、宗教行事だけを行う僧院長を新たに選んだにすぎないとのことであった。これら諸問題に関して、彼はチャウセー郡の郡長と警察長官を招き、村の全成年を招集して村内集会を開いた。彼から手渡された、この集会を記録したＤＶＤを見ると、招待された郡長の演説から始まり、村長の説明、彼の方針を支持する応援演説と続き、合間には列席者からの賛同の声が入っている。彼の「悪事」を訴え出た若者たちは誰も参加しなかった。集会の場で村長を批判しようものなら必ず報復があるので、出席できなかったとのことである。結局最初から最後までアウンチョー氏の正当性だけが認められ、郡長が村長を激励して集会は終わった。郡当局が賄賂を貰っているのかＮＬＤ村長に気を使っているのかは不明のままであるが、彼は権力を維持し、四〇人ほどの若者たちの不満と不安は解消されずに残った。

多数を取るのには手段を選ばない村長の行政手法にも、何かとお上やマスコミに訴え出ようとする若者たちにも、民主主義が始まったばかりの活気とともに暴走が感じられる。タウンルェー村の住民たちは、多数の村長派も少数の反村長派もほとんどがＮＬＤ支持者である。こうした対立に他党が介入できないほどＮＬＤの支持基盤は強いのか、対立がその分裂をもたらすのか、いずれにしても結果が出るのは次の選挙ということになるであろう。

〈農村見聞録㉑二〇一四年一一月二一日〉

（追記）二〇一六年の村長選挙で、アウンチョー氏は無党派のバセー氏（仮名）に敗れた。

2. 農民発展党と農民組合

二〇一五年九月八日、一一月八日の投票日に向けて長丁場の選挙戦が始まった。九一の政党、六〇七四候補者の中で、六番目に多くの候補者を立て、農民を前面に出している党がある。ミャンマー農民発展党（Myanmar Farmers Development Party）である。二〇一二年、チョースワーソー氏が設立した。

かたや、政治組織ではないが、同党と同様に農民の福祉を目的に、やはり二〇一二年に結成された、ミャンマー農民組合（Myanmar Farmer Association）なる組織がある。組合長はソートゥン博士。

両名とも日本に長期間滞在した経験がある。二人のリーダーはどのような目的で農民を基盤とする組織を作り、どのような活動をしているのだろうか。二〇一五年八月に行った両名とのインタビュー調査に基づいて、今回はこの農民および農村に関わる二つの組織について、そのリーダー像を中心に記述していくことにしよう。

農民発展党のチョー党首は、一九六五年生まれの当年五〇歳。マグェー管区域サリン郡の生まれである。祖父は三〇〇〇エーカー（約一二〇〇ヘクタール）の農地を所有する大地主であったが、社会主義政権時代に没収された。父は国軍高級将校を経て、ビルマ社会主義計画党に入り、カヤー州とカレン州のトップを務めた後、一九九〇年の総選挙でミンブー郡から国民民主連盟（ＮＬＤ）の候補として出馬し当選した。チョー氏は八八年の民主化運動に参加した後、タイを経由して、八九年に来日、九七年まで不法滞在してアルバイト生活をしていた。帰国後製材業などのビジネスで成功し、裕福な家庭に生まれた妻からの資金提供もあって、政党を立ち上げるに至った。二〇二〇年には大統領になると言っている。

党のスローガンは、農産物市場の開拓、農業の機械化、コメの品質の向上と米価の安定化、農業金融の充実等であるが、最も重要なことは農民の資金難であると考えている。そのために銀行を九月九日に立ち上げる予定であったが、資金不足で実現しなかった。また農民経済発展株式会社も設立したが、まだペーパーカンパニーの状態である。

選挙には上院三〇人、下院八八人、地方議会に一五〇人の計二六八人の候補者を立て、党首はバゴー管区域ダイッウー郡の下院に立候補している。党員数は全国で四五〇万人というが、この党員集めで大きな問題が起こっている。党費三〇〇〇チャット（約三〇〇円）を払って党員になると、三〇万チャットの低利融資が受けられると党員を勧誘したが、実際には融資が全く行われず、大騒ぎになっている。知名度の低さ、根拠のない党員数に加え、このトラブルは選挙に大きなマイナスとなるであろう。

農民組合長のソートゥン氏は、一九七一年バゴー管区域のピー郡で生まれた。父は公務員、母は農業をしていた。ヤンゴン医科大学助講師の時に東京大学医学研究科に留学し、二〇〇四年から二年間公衆衛生学を勉強して帰国、ミャンマーの公衆衛生大学で博士号を取得した。研究の過程でミャンマー農村の衛生環境改善に興味が移り、二〇一二年にミャンマーコメ協会（Myanmar Rice Federation）の傘下に農民組合が設立されたのと同時に組合長に就任した。

チョースワーソー氏（左）と筆者。自宅も兼ねる当事務所で、インタビューの後に撮影。2015年8月

同組合の目標には、まず農民の所得と地位の向上が掲げられ、そのために立法府へのロビー活動、国内外の政府、研究機関、NGO、企業等と農民との仲介、農業資金、機械、技術の導入への貢献等を行うとしている。具体的には、農民保護法制定のための諸活動、契約栽培の推進、農業研修、洪水被災地への種籾の配給等を実施している。だが、組合員数は一〇万人にすぎず、ビジネス指向の強いコメ協会の傘下ということもあって、コメ生産農家しかも大規模農家が構成員の中心となっているという難点があることは否めない。またソートゥン氏自身も、フェイスブックで「俺が大統領になる」と言ったり、そのためか彼の出資するFarmer

Exchangeという金融機関に強盗が入ったりと、何かと物議をかもす人物でもある。ソートゥン氏はコメ協会と農民組合の仕事が忙しく選挙には出ない。

Ｆ１ハイブリッド米を無理やり普及させようとしたり、首都の周りだけで大統領に見せるためだけの機械化を行ったりする現在の農業灌漑大臣に、両名とも非常に批判的である。ソートゥン氏は、自分が大統領になったらまずは同大臣を罷免すると言う。

働きかける対象を国民の七割が居住する農村部にすることは正しい判断である。だが両組織とも「農民」を掲げているだけで、村の半数は「非農民」であることを忘れてはいないだろうか。また農民は貧困だからまず資金が必要だ、というのも認識不足である。長い間国家に抑圧され搾取されてきたと考える農民たちが求めるのは、まずは民主化である。ＮＬＤが農村部でも圧倒的支持を集めている理由もここにある。

〈農村見聞録㉚ 二〇一五年一〇月二日〉

（追記）総選挙で農民発展党は一議席も取ることができなかった。ソートゥン氏は今もコメ協会の副会長として活躍している。

3．総選挙前の村を歩いて

二〇一五年一一月八日の投票日まであとわずかとなった。ビルマ（ミャンマー）民族が多く住む七つの管区域（Region）では、アウンサンスーチー氏率いる国民民主連盟（NLD）の圧勝、与党連邦団結発展党（USDP）の苦戦が予想されているが、農村部で両党はどのような活動をして、村人はそれをどう受けとめているのであろうか。村で見聞した選挙関係の情景、二人の議員候補者とのインタビュー、そして電話での村人との会話をもとに、ミャンマーの村での選挙戦の様相を描いていくことにしよう。

USDPから立候補した、チャウセー郡の下院（Pyithu Hluttaw）議員候補のアウンミンタン氏は、現在マンダレー管区域の議員であり、私とは旧知の仲である。医学部を中退し、鶏の餌の販売を生業としている、六一歳の男性である。この選挙区のUSDP候補としては、チャウセー郡出身の元国軍将校であり、退役後在日ミャンマー大使を務めたキンマウンティン氏が上がっていたが、現下院議員であり、元軍政トップのタンシュエ元国家平和開発評議会（SPDC）議長の子飼いの部下であったタウン氏がこれを退け、より勝てそうな候補としてアウンミンタン氏を選んだという。同氏はUSDPが不人気であり、元将校がいくら地域振興や貧困削減に貢献したとしても、決して当選しないことを、前回の補欠選挙で学んだ。彼の選挙戦略は、郡内の村々をくまなく回って、ヤッミー・ヤッパ（村の父母）と呼ばれる有力者たちに働きかけて、彼らのオーザー（影響力）によって集票する、とい

チャウセー郡タウンフルェ村で出会った、田植え中の早乙女たち。誰に投票するかと質問してみると、候補者の名前は知らないが、ドー・ス（アウンサンスーチー氏のこと）の政党に投票すると答えた。2015年8月、筆者撮影

うどぶ板式である。

一方、NLDの下院議員候補のティンアウン氏は元大学教授の数学博士で六三歳、チャウセー郡とは縁薄い言わば落下傘候補である。八月下旬にはまだチャウセーに来ておらず、会うことができなかったので、マンダレー管区域議員候補である、イェーミンチョー氏にインタビューした。彼は森林大学卒の三四歳、両親は町中で農産物問屋を営む。政治経験がない彼らが立候補し、しかも当選の可能性が極めて高いのは、NLDの名前のおかげである。イェーミンチョー氏によると、USDPの生みの親であるタンシュエ氏の生まれ故郷のこの郡でさえ、NLDの支持者は町で九〇%、村で七〇%であるという。

一〇月三〇日に、チャウセーの村人N氏に電話して聞いてみると、アウンミンタン氏はN氏の村でも集会を開き、今までの業績とこれからもチャウセーの宗教と経済の発展に力を尽くすことを述べ、村の有力者たちに集票を依頼したという。一方NLD候補のティンアウン氏はN氏の村には全く姿を見せておらず、運動員が写真とパンフレットを持って村を歩いているだけとのことであった。それで

も、N氏は、USDPのアウンミンタン氏は大した票数を得られないだろうと予測した。私が村の水田地帯を歩きながら、農民や農業労働者に次々に声をかけ、誰に投票するのかと質問して得られた感触と同じである。

チャウセーから南にずっと何百キロも下った、ヤンゴン近郊のフレグー郡では現職の電力大臣キンマウンソー氏が、USDPの下院議員に立候補している。同党の中では数少ない、当選が有力視されている候補である。だが、変電所の開設式にUSDPの旗を掲げたり、変圧器に同党の紋章を張ったりして、自らの選挙運動に国の財産を不正に利用したとして、NLDから訴えられている。最近のニュースによると、USDP候補の賄賂紛いの選挙活動が全国的に目立つとのことである。

同郡内の村を訪ねてみると、反イスラム・反NLD運動で名を上げている仏教僧侶団体マバタ（民族宗教保護委員会）派の僧侶に出会った。彼は電力大臣の支持者でもあり、村人たちの投票もそちらに向かわせようとしているが、どうもうまくいっていないようである。村人たちは僧侶の説法は素直に聞くが、投票はそれとは別物のようである。村の役所には選挙人名簿が張り出してあるが、デルタ地帯では小集落があちこちに点在して一つの行政村をなすため、記載漏れが多いとのことである。また水田の中の出作小屋に住む農民たちが選挙に来るかどうかもわからない、と担当者は話していた。

NLD党首のアウンサンスーチー氏は、「候補者を見る必要はありません。党の旗と紋章を見て投票してください」と繰り返し、USDPは「（党ではなく）候補者を見て、仕事ができるか判断してください」と、どぶ板選挙を行っている。そしてどの村でも、有権者は候補者よりもNLDという政党を選ぶ傾向が強いようである。

〈農村見聞録㉛ 二〇一五年一一月五日〉

（追記）選挙の結果、アウンミンタン氏は落選し、イェーミンチョー氏は当選した。

4．アウンサンスーチーの党の経済政策

一一月八日に投票が行われたミャンマーの総選挙では、政策論争が不在であったと言われる。だが、それこそが、この総選挙を政策の選択ではなく、国の指導者を選ぶ選挙と位置付けた、全国民主連盟（NLD）のいわば選挙戦略であり、同党の大勝はそれが見事に功を奏した結果であると言えよう。

しかし、それはNLDに政策がないことを意味するものではない。党の方針は九月一四日に公表されたマニフェストに綴られている。「変革の時が来た」に始まる綱領には、まず国民の暮らしを変えるための内政や外交の方針が掲げられ、それを実現するための政策として、経済、農業、畜産、労働、教育、保健、エネルギー、環境、女性、若者、通信、運輸、都市、といった項目が並んでいる。経済が一番初めに来ていることは、同党が経済を軽視しているわけではないことを示している。NLDが政権党となることが決まった今、今後のミャンマー経済を見通すためにも、政権移譲後の政策運営を評価するためにも、同党の経済分野での施策を見ておくことは決して些末なことではない。

第一は、財政規律の確立である。歳入については、税率を下げるとともに租税ベースを拡大し、歳出については中央集権的制度を改めて、州および管区域に公正に分配して、権限を委譲するとしている。

第二は、金融の改革である。金融市場を充実させ、開発に必要な資本や技術へのアクセスを容易にするような制度を作るとともに、中央銀行の自立性を高めて、金融システムの安定化を図るとしている。

第三は、外資の導入である。国際基準に沿った持続可能投資によって、新しい就業機会、技術移転、労働者の技能の向上が期待できるとしている。

NLD のマニフェストの表紙。上部には、「変革の時が来た。本当に変わるために、NLD に投票しよう」と書かれている。

第四は、インフラの整備である。具体的には、交通網、電力網、情報網の充実が挙げられている。

第五は、農業の振興である。農業の近代化と生産性の向上がその目的であるが、そのためには、現在の農地問題の解決、農地の権利の保障、農業金融の改善等を遂行することとしている。また農村非農家層に関しても生計手段を講ずることが言及されている。

第六は、環境に配慮した資源開発である。環境および生態系に悪影響を及ぼさない資源の採取を心掛け、得られた収入は長期的な国家の発展のために使用するものとしている。

以上がNLDの掲げる経済政策の六本の柱である。奇異に思われるのが、途上国の経済政策には必ずといっていいほど出てくる「工業化」という言葉が、この経済の節にも他の場所にも全く出てこないことである。工業化は、第三の柱の外資導入に頼りきるということであろうか。第五の農業の項に、農業が発展すれば製造業やサービス業も発展するとの記述もあるが、それではあまりにも安易すぎるのではないだろうか。

また、これらの項目を見るかぎり、現政権与党である連邦団結発展党（USDP）の経済政策から大きく変わるものでもない。テインセイン大統領は、NLDの「今こそ変革の時」というスローガンを、「自分は十分に改革を実行してきた。これ以上進めると共産主義になる」と批判したが、彼が行ってきた政策と変わらないのだから、そのような懸念は全くない。むしろ、現政権よりさらに自由競争的な市場経済を促進しようとしているようにさえ見える。

では経済政策における「変革」はどこにも見当たらないのだろうか。この六項目を熟読してみると、法による統治、政策の透明性、行政の説明責任といった言葉があちらこちらに散りばめられているのに気づく。そしてこれこそが経済政策の最重要課題であり、現政権との差異を際立たせるものである。これらが遵守されなかったために、税吏が収賄して納税を見逃したり、資源開発が水質汚濁をもたらしたり、農民が耕作地をむやみに接収されたり、といった問題が歴代の軍事政権やその流れをくむU

SDP政権下では頻発してきた。このような事態を改革してこそ経済発展がもたらされる、というのがNLDの主張である。

スーチー氏が親日的であるか否かはさておき、財政の効率化、政策の透明化、賄賂やコネの撲滅、といった基本方針は、同様のコンプライアンスを実践する日本の援助機関や企業にとっても決して悪い話ではない。人がいないと言われるNLDから選ばれた大臣たちが、これを実行する能力があるかどうかは、まだ不明であるが。

〈農村見聞録㉜ 二〇一五年一一月二七日〉

5. 農業がNLDの経済政策の最優先事項

前回［農村見聞録㉜］は総選挙で大勝した国民民主連盟（NLD）の経済政策について論じたが、今回はその中の農業政策を吟味してみる。考察の材料は、NLDの公式ホームページにある農業および農村に関するミャンマー語の資料である。

NLDの経済担当班のミョーミン氏は農業問題が最優先事項であると言う。全人口の七割が農村に居住し、GDPの四割を農業が占めるにもかかわらず、軍事政権および現政権下では農業者の福祉が軽視されてきたという評価がその背景にある。

農業政策の目標には、第一に農民の権利と利益の増進、第二に農業の近代化、第三に農村開発の推進と生計の向上、第四に環境保全と農林水産業の発展の両立の四項目が掲げられている。

そして目標達成のために四つの政策、すなわち、第一に農地、農業生産、農民の権利に関する政策、第二に農業資金と農業機械に関する政策、第三に農業技術に関する政策、第四に環境保全に関する政策を実施する。

具体的には、一番目の事項に関しては、農地の使用、収益、処分の権利を法制化すること、農産物の作付、貯蔵、加工、販売等の自由を保障すること、自由意思に基づく農民組合の結成を促進すること、農民の権利と利益を保証する法律を施行すること、小規模農家の生産と生計の向上のための支援をすること、農村居住者の教育と健康の改善を進めること、が謳われている。同様に、二番目の政策には、資金と投入財を提供できるようにすること、小規模農業機械を導入して農業近代化の方途を探ること、農業以外での就業機会を地域の実情に応じて開拓すること、自由で公正な農産物市場を増進するとともに買手独占を防止すること、といった内容が含まれる。第三の政策の中身は、研究、教育、普及活動を進めること、良質な種子を普及し、化学肥料や農薬等を適切に使用すること、農産物を加工してから販売するという段階に引き上げること、といったものである。第四に、農民および農業に害を及ぼすような、異常な気候変動をもたらすような、自然環境を破壊するような事業や事象を調査して、適切に対処するとともに、農業環境を守って再生産ができるような農業を目指し、環境と農業の両立を持続させる、としている。

これら農業政策四本柱を実現する手段として二四項目に及ぶ方策が示されている。その主な内容は、農民が不法に接収された農地を取り戻せるような支援を行うこと、新農地の開発を奨励し、当該農地の移転を一定期間認めないこと、新規開拓農地が登録前に接収された場合は適切な賠償金を支払うか代替農地を提供すること、農民でない者が農地を保有したり移転したりすることを制限すること、外国からの資金や技術を積極的に導入すること、小型農機が簡単に取得できるように資金、レンタル、技術等に関して、関係機関や企業との仲介を行うとともに、地域に合った農機の生産を奨励すること、小規模農に種子、農薬、肥料等を適切に供給すること、有機肥料を自給できるようにすること、国際競争力をつけること、農産物の付加価値をつけるための加工業を増進すること、地籍登録を正確にすること、焼畑を規則正しく行うこと、森林を再生して緑化を進めること、生物多様性に配慮した農業を推進すること、等である。

ヒンタダ郡内の農村で、稲の脱穀をする農業労働者たち。元農業灌漑大臣で、政権与党連邦団結発展党（USDP）の共同党首を務めるテーウー氏でさえ、彼らの支持が得られずに落選した。
2013年11月、筆者撮影

　ミャンマー農業の多面的課題に対応して多種多岐にわたっているが、テインセイン政権のものと大きな違いはないようにも見える。だが、強烈な農民保護、非農民の福祉向上、農業と環境の両立の少なくとも三点で、現政権との相違が観取される。

第一点の主眼は、財閥や軍によって不法に接収された農地を農民の手に取り戻し、農民の土地保有権を強化することにある。だが小規模農の過度な保護政策は、規模の経済を抑制し、国際競争力を弱めることにもなりかねない。また工業化が未発達な段階で農業保護を強めると、税収は伸びずに歳出は増えることになり、今でも弱い財政基盤のさらなる悪化をもたらす可能性がある。

第二の、土地を持たない農村居住者への配慮は、貧困対策の面からも重要である。ただし、農村人口の半分近くを占める彼らに、農業部門だけでは十分な雇用機会をもたらすことはできない。第二次第三次産業の発展が不可欠である。

第三の、環境に配慮した農業は今や世界標準である。だが、ミャンマーのように生産性が低く、それにもかかわらず農産物輸出増を目指す国で、どこまで実現可能だろうか。輸出農産物の残留農薬や病害虫の混入などにまずは留意し、それが環境保全にも役立つ、という好循環を図ることが肝要であろう。

農業部門を最重要視していることはわかるが、総花的であり、諸政策が矛盾する点も多々散見される。政策の整合性を検討し、どこに重点を置いていくのかは、これから議論されることになるであろう。ただし、万万一これらの項目がすべて実現したら、ミャンマーはこれまでどの国も経験したことのない、農業農村の大発展を遂げることになるであろう。

〈農村見聞録㉝ 二〇一五年一二月二五日〉

6. 多事多端な農業・農村一〇〇日計画

ティンチョー新大統領の下、二〇一六年四月に発足した国民民主連盟（ＮＬＤ）政権は、大統領の上に立つアウンサンスーチー国家顧問の号令により、第一次一〇〇日計画の策定に忙殺されてきた。新政権は、発足前からその政策立案および実施能力に対し各方面から疑いが持たれてきたが、スタートダッシュでこれを払拭することがその狙いである。この一〇〇日計画の内容が、省庁別に、五月中旬以降順次公表されている。

協同組合の貸付金の受領に集まった村人たち。受け取った金の大部分をその日のうちに別の借金の返済に充てる者が多いという。2016年1月、エーヤーワディ管区域パテイン県のズィーコン村にて、筆者撮影

今回は、旧農業灌漑省、畜水産省、協同組合省が合併して一二の局を持つ巨大官庁になった農業・畜産・灌漑省の同計画をレビューしてみることにしよう。［農村見聞録㉝］で解説したＮＬＤの農業・農村政策におおむね沿ったものであるが、具体的数値が掲げら

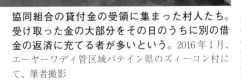

れるとともに、若干の軌道修正も散見される。

農業・畜産・灌漑大臣アウントゥー博士は、国営新聞の取材に、同省が行うべきことは二八種類ある、と答えた。その概要は、官民の人材育成、農業関係投入財に対する財政的助成、農業に関する研究開発の促進と普及、諸灌漑施設の維持と新設、家畜・家禽の防疫、伝統的な農業・畜産技術の保護と普及、といったものである。

さらに事務次官と局長が一〇〇日計画の内容をより具体的に説明している。

まず省全体としては、

- 公務員の資質および能力の向上
- 研究開発の促進
- 農村部での研修・普及活動

といった大まかな内容が掲げられ、関係各局については、

農業局関係では、

- 農作物の損害を最小にすることが第一。そのための研修を地域ごとに行い、土地に合う作物への切り替えを進める。
- 安全無害で栄養のある作物を生産するため、違法に輸入・販売されている農薬や肥料を使用しないよう検査と摘発を実施する。

灌漑局関係では、

- 灌漑システムの近代化を実施する。北ナウィン、南ナウィン、ウェージー、タウンニョーなどのダムの改修を行う。
- 年間一億七〇〇〇万キロワット時の発電能力を持つミッターダム計画を開始する。
- ザルン郡で三〇万エーカー（一二万ヘクタール）の洪水防止計画を実施する。

畜産・獣医局関係では、

- 家畜の予防接種七三三一万本を一九五四万頭に対して執り行う。
- 牛の人工授精を進め、そのための凍結精液を作る設備を充実させる。

水産局関係では、

- 稚魚一億二〇六五万匹の生産のために一億四九七二万チャット（約一三四七万円）を投入する。
- 気候変動が水産業に害を与えないよう、村で教育活動をする、サインボードを作る、メディアを通じて周知するなどの方法によって、予防措置を講ずる。一〇〇日間に九つの州・管区域四三七ヵ村でこれを行う。

農村開発局関係では、

- 村落給水事業を五八四ヵ村で実施する。そのために二六億四八七七万チャットを計上する。
- 村人の雇用と収入増加のため、三〇の生計向上講座を実施する。それには、農業や畜産だけでなく、コンピューター、左官、大工、電気工、自転車修理、織布などの研修も含む。
- 韓国国際協力機構（ＫＯＩＣＡ）の援助によるセマウル（新農村）運動の対象村一〇〇ヵ村に一ヵ村

当たり二万ドル（約二二二万円）を投入する。
農業機械化局関係では、

- 一七六六機の農機を一〇〇日以内にローンで売る。
- 一〇エーカー以下の農民の組織に、優先して五九一機の農機を販売する。

農地登録局関係では、

- 農地登録システムの電子化を一二〇の郡で進める。

農業農村開発銀行関係では、

- 一〇〇日以内に五〇〇〇億チャットの農業資金貸付金が農民の手に渡るようにし、今年度中に一兆七六六〇億チャットを農民に融資する。

協同組合局関係では、

- 中国輸出入銀行からの借款をもとに、四六三〇億チャットを協同組合が農民に貸し付ける。

といったように、かなり具体的なプランが策定されている。

行政を可視化し、数値を挙げて、国民が評価しやすくするという意味で、ＮＬＤが唱道する「政策の透明化」に合致するものである。これらの数値目標が次々と実現すれば、発展間違いなしではあるが、これを一〇〇日ごとに作成し、実行し、評価することを五年間も継続していくことができるのだろうか。実行力だけでなく、公務員個人や組織の体力や気力も問われることになるであろう。

〈農村見聞録㊳ 二〇一六年六月二四日〉

（追記）その後、一〇〇日計画がどの程度達成されたのか、第二回以降の一〇〇日計画は策定されたのか、等々については、何も聞こえてこない。

7. 農地接収問題とNGO

社会主義時代（一九六二～八八年）からずっと問題になっている、権力による農民からの不法な農地取り上げに関し、テインセイン政権は、二〇一二年八月、「農地等の土地を接収された国民が損害を被らないように調査する委員会」（以下「調査委」）を立ち上げた。現政権でも同様の委員会が組織されているが、まだ問題の解決からは程遠いのが現状である。そのような状況の中、二〇一七年九月、この問題に草の根で取り組むNGOを訪ねた。

テインセイン大統領がその任期を終えようとする二〇一六年三月一七日、土地の接収と返還の現状が国営新聞に発表された。それによると、一六年二月二九日時点で、調査および告訴状等によって調査委が接収事案と認定して、「中央農地管理利用委員会」（以下「中農委」）に付託した件数は一万七七〇八、うち一万三五九六件が解決済みとなっている。また調査委を通さずに、政府機関経由または直接に中農委に持ち込まれた事案は三七〇二件で、うち解決したのは一一九七件である。さらには、中農委への告訴状なしに、国軍、政府機関、企業などが直接元保有者に返した案件が九七九件ある。この三番目の事案には面積も入っており、二五万六〇二五エーカー（一エーカーは約〇・四ヘクタール）が返却された。中でも国軍によるものが八九九件で一八万九一五四エーカーと群を抜く。前二者については、返還された件数と面積の合計値が記されておらず、二二一四件、四九万五七四九エーカーが元の持ち主に返された。すなわち、計七五万一七七四エーカーが、一部例外はあるものと思われるが、農民あるいは元農民に返戻された。

現ＮＬＤ政権下の一六年五月に再編成された「農地等接収問題再調査委員会」が一七年四月に出した報告書によると、一六年三月から一七年三月までに新たに一万六九四五エーカーが返付された。つまり、前政権期から合計すると、七六万八七一九エーカーが元の持ち主に戻ったことになる。

それでは、国軍、政府、企業などが不法に横奪した土地が全部でどれくらいあるのだろうか。残念ながら、前政権下でも現政権下でも、政府発表の資料ではわからない。新聞報道によると、不法に収用された土地は六〇〇万エーカーで、うち国軍が行ったのが四〇〇万エーカーある（Irrawaddy 一三年七月一一日）とか、農地没収面積は約五〇〇万エーカーで、年間五〇〇万トンのコメ生産量に相当する（Eleven Daily 一六年二月二二日）といった説がある。全国の総農地面積三〇〇〇万エーカーの五分の一から六分の一が不法に没取されていたことになるので、にわかには信じがたいが、今でもしばしばこの問題が議会やマスコミで取り上げられているのを見ると、七七万エーカーの還付では済まないことも確かであろう。

　こうした問題に取り組むＮＧＯの一つ、Institute for Peace and Social Justice を二〇一七年九月に訪問した。設立者で現代表でもあるタウントゥン氏は、一九八八年の民主化運動に参加し、クーデターの後にタイに脱出して、全ビルマ学生民主戦線（ＡＢＳＤＦ）の結成メンバーとなり、一九九六年からはビルマ連邦国民連合政府（ＮＣＧＵＢ）の国連常駐代表を務めた、民主化の闘士である。

地方から集まった農民・農業労働者組合の若きリーダーたち。この日は金融システムについての講義を受けていた。2017 年 9 月、ヤンゴン市パンソーダン通りの IPSJ 事務所にて、筆者撮影

二〇一二年、彼の名はブラックリストから外され、同年一二月に帰国した。ＩＰＳＪは、二〇一二年に彼がニューヨークで設立した非営利法人で、今も運営資金は主にニューヨークで調達されている。

　彼らはまず農民の組織化に着手した。二〇一二年農地法では、「村落経済の発展のために制定される法律に基づいて設立される農民の組織」について言及されている。だが、その後に公布された同法施行法や農民の権利保護・便益振興法には結成方法が書かれていないし、一九九二年協同組合法では土地取り戻し運動はできそうもない。そこで利用したのが、一二年制定の労働組合法施行法だった。同法三〇、三一条には、労働組合の対抗組

織として、保有面積一〇エーカーを超える農民は組合を作ることができる、との条項があり、これを逆手にとって、保有面積一〇エーカー以下の農民は労働組合を組織できる、と解釈したのである。こうしてエーヤーワディ管区域を中心に三〇郡で四〇〇の農民・農業労働者組合が結成された。他のNGOによって創設された同様の組合も合わせると全国で二〇〇〇もあるという。

IPSJは、村や町で、あるいはリーダーをヤンゴンに呼んで、法律の使い方や当局との交渉の仕方など、農地を取り戻す方法を教えるとともに、議員を通じて政府に働きかけたりもする。またこうした土地奪回活動の他に、農業金融、灌漑用水の確保、農業技術などに関する教育活動も行う。農地を取り返した後の農業経営を考えてのことである。

民主化・自由化の大合唱の中で、まだまだ整備されていない諸制度を巧妙に利用し補完して、農民・農業労働者の発言権を強化し、福祉を向上させていこうとする、草の根からの民主化運動がここにはあった。

〈農村見聞録㊿二〇一七年一〇月二七日〉

第３章　近代化と村落社会

1．急速に進む農村の脱農化

私が初めてミャンマーの村を学術的に調査した（予備調査は八六年）のは一九八七年、ビルマ式社会主義時代末期のころである。この年調査した二つの村を一九九四年に再び調査し、二〇一三年に三度目の調査を始めた。社会主義政権、軍事政権、そして民主主義政権と政体が移り変わる中での、農村の社会経済変化を追究することが目的である。今回から三回にわたって、そのうちの一つ、マンダレーから四〇キロほど南下したところにある、チャウセー郡ティンダウン村落区ティンダウンジー村の社会経済変容を概観することにしよう。

チャウセー地方は、ミャンマー連邦の多数を占めるビルマ人（ビルマ民族）が山から下りてきて最初に農業を始めた地と言われている。一一世紀半ばに成立した最初の統一王朝バガン朝の食糧基地として灌漑が整備され、「チャウセーの一一村」と名付けられた農村が歴史に登場した地でもある。確証はないが、私が調査村に選んだティンダウンジー村もその一つであるという言い伝えがある。遅くとも一〇世紀には造られたといわれる人口灌漑路の一つであるミンイェー水路が村の水田地帯を潤し、古くから水稲二期作やコメとゴマや玉ねぎなどの二毛作が行われてきた。

表は、村内の全世帯の主たる職業、すなわちミャンマー語で「エインダウンダーズ・アチーアケー」と呼ばれる「世帯の主たる生計支持者」の職業を表したものである。

まずは下の二行を見てみよう。世帯数も人口もこの四半世紀の間に顕著に増加している。だが

表　ティンダウンジー村の世帯別職業構成の変遷

職業	1987年	1994年	2013年
農業	68	73	76
農業雇用労働	25	33	41
左官	18	24	60
大工	2	4	10
商店・飲食店主		3	27
公務員・教員	4	5	2
輸送業	2	3	3
その他	7	11	17
合計（世帯数）	126	156	236
総人口（人）	708	840	1024

（出所）筆者調査による。

両者の増加率は異なる。世帯数が一・八七倍になっているにもかかわらず、人口は一・四五倍にしかなっていないのである。当然一世帯当たり構成員数は一九八七年の五・六二人から、一九九四年には五・三八人、二〇一三年には四・三四人と減少している。世帯数が増加する要因は、子供が結婚すると別に家を建てて世帯を構える、「オークェ」という慣習にある。ここで子供の数が多く親が長生きする傾向がある場合、世帯数は爆発的に増える。しかし、別居した子供世帯の出生率が下がると世帯数の増加ほどには人口は増加しない。世帯数増と人口増のギャップはそのような変化を示唆している。その他、若干の転入によっても世帯数が増加している。

農地耕作権を保有して農業経営を行う世帯、日本で言えば農家に当たる世帯は、一九八七年で六八世帯。平等を旨とする社会主義時代においても、農地を持てる世帯は村の総世帯数の半分強にすぎなかった。それでもこうした農家に雇われて農作業をする農業労働者世帯二五を加えると、村の世帯の七四％は農業に従事していた。軍政期の一九九四年には農地保有世帯は村

村のパゴダの前に屋台を出し、串揚げを売る若者。農業労働をするよりも楽で収入がよいという。2012年8月、ティンダウンジー村にて、筆者撮影

の総世帯数の半分以下になり、農業労働者世帯も増加したが、農業に従事する世帯は一五六世帯中一〇六（七三+三三）世帯と六八%に減少した。そして現在（二〇一三年）、農地保有世帯は村の総世帯数二三六の三分の一以下の七六となり、農業労働者世帯四一と合わせても、総世帯数の半分に満たない。これに反比例して増加してきているのが、左官と商店である。左官はもともとこの村の「村の職業」と言われるほど、この村に集中していたが、二一世紀に入って急増し、農業労働者の数を追い越して、農地耕作権を持たない者にとっての最大の就業先となっている。もちろん村の中にこれだけ多数の左官の需要があるわけもなく、彼らは毎日弁当を持って朝早く村を出てゆく。中には、遠くヤンゴンや中国国境の町ムセーまで、家族を伴って仕事に行く者もいる。

　商店主、飲食店主と言っても、大きな店を構えて売るものから、家の前に小屋を建てて雑貨を売る店、道端に屋台やそれもない場合はテーブル一つだけ出して、キンマ（噛む嗜好品）やモヒンガー（麺料理）などを売るものまでいろいろな形態がある。最近増加しているのが、パゴダの周辺でガドーブェと呼ばれる供物を売ったり、茶菓や食事を提供したりする、これまで村にはなかったような

比較的大きな店である。いずれにしても、いろいろな商品や外食への需要が村内あるいはその周辺で増加しているからこそこうした商売が急増しているのであろう。

我々もそして都市に住むミャンマー人も、農村には農業をする人が住んでいると思い込みがちであるが、現状はそうした先入観を否定する方向に動いている。労働力が農業から非農業に移動し、村人が農民的生活様式から乖離していくことをDe-agrarianization（脱農化）というが、村ではこの四半世紀の間にこうした傾向が急速に進んでいると言えよう。

〈農村見聞録⑦ 二〇一三年一〇月二五日〉

2.「多就業」とモータリゼーション

前回「農村見聞録⑦」は、ティンダウンジー村の各世帯の主たる生計支持者（エインダウンダーズ・アチーアケー）の職業別に世帯を分類したが、彼（彼女）らを含む各世帯構成員は必ずしも一人が一つの職種に特化しているわけではない。農業をしながら大工や左官もする、商店経営をしながら運送業や農業労働もするといった具合に、一人で何種類もの職をこなす者もいる。また、比較的裕福な農家の子供たちは大学に進学して教師や公務員になり、貧しい農業労働者の子女はより賃金がよくて安定した収入のある左官や店員になるといった具合に、彼らの子供たちも親とはまた別の職業について

ティンダウンジー村内の小道を行き来するオートバイ。2013年8月、筆者撮影

いることも多い。こうして、一個人としても一世帯としても多種多様な職種に就く「多就業」構造がこの村の特徴となっており、そのような村はミャンマー中にある。そしてその多くは、年に数回しか収穫がない農業とは異なり、日々現金収入をもたらし、その額も農業労働に比べて多くなっている。今回と次回［農村見聞録⑨］はこうした収入源の多様化と現金収入の増加を背景にした、耐久財所有の増加について、この村の四半世紀を振り返ってみることにしよう。

一九八七年、私はこの村に馬車で入った。車の通れるような道は村になく、幹線道路まで出るには、砂利さえ敷いていない埃だらけの砂地の道を、徒歩か自転車か馬車で行くしか手段はなかった。自転車は村のほとんどの世帯が複数所有しており、御者を生業とする世帯が四世帯あった。

一九九四年に住み込み調査した時は、幹線道路から村に入る道路がちょうど造られている時だった。この村のパゴダに通じる道を、周辺町村の信者も巻き込んで、村人総出のロウッアーペー（労働奉仕）によって舗装道路を造成していたのである。道路はまだ完成していなかったので、村の全一五六世帯中、自転車を所有するのが一四二、オートバイが二、自動車が四という状況であった。オートバイはホンダの中古車、自動車はすべてトヨタや日産の中古ピックアップトラックに屋根をつけて乗客を運ぶ「バス」であり、村に入ってくるわけではなく、チャウセーとマンダレーを行き来する商売用のものだった。村のモータリゼーションは未だ道遠しの感があった。

ところが二一世紀に入ったころからオートバイが増え始め、二〇一三年時点では村の全二三六世帯中、一六六世帯がこれを所有するまでになった。現金収入の増加だけでなく、日本製に比べて格段に安い中国製のオートバイの全国的普及がその主因である。ちなみに自動車は四台と全く増えていないが、バス用のピックアップは消え、すべて自家用となった。村には左官が多く、しかも急増していると前回に述べたが、彼（彼女）らはオートバイでより遠くまで日帰りで仕事に行けるようになった。つまり市場圏が大きく広がり、それが左官の急増を可能にしたのである。バナナ、インスタントラーメン、おもちゃ、アイスキャンデーなど様々な商品を積んだバイクが行き来するようになった。村の産物のコメ、タマネギ、ニンニク、トウガラシなどは、オートバイの後ろに四輪のアタッチメントをつないだ「トーラージー」によって村から出ていく。村の雑貨屋が街への仕入れに出かける時や子供の通学にもこれが使われる。自動車が増えなかったのは、物資を輸送していた馬車に、トラックではなくトーラージーが代替したことに因る。

村人たちは近所の家や店に出かけるためだけにもバイクを使うようになった。つい数年前まではどこまでも歩いて行った人たちだったので、当然運動不足になって肥満人口が急増している。また、バイクと歩行者、馬車、自動車との交通事故も増えている。ヘルメットの着用が法律で義務付けられているが、警察が見ていないかぎりほとんどの人々はこれを被らない。捕まらないかぎり法律は守らない、といった状況が続く限り事故は増え続けるであろう。

このように長短併せ持ちながら、村のモータリゼーションは急展開の様相を見せている。

〈農村見聞録⑧二〇一三年一一月八日〉

3．加速する電化と情報化

前回［農村見聞録⑧］はティンダウンジー村のモータリゼーション（動力化）の話であったが、今回はエレクトリフィケーション（電化）とインフォーマティゼーション（情報化）の話をしよう。

再び一九八七年。私が初めてこの村に住んだ時、村には電気が来ていなかった。村人はロウソクか灯油で明かりを取っていた。町まで行って自動車用のバッテリーに充電して村人に貸し出す、バッテリー充電屋という商売があったが、これで蛍光灯を点けている世帯はごく少数だった。電化製品と言えば、BBCのミャンマー語放送を聞くための乾電池ラジオくらいであった。一九八九年に村を訪ねてみると、パゴダにだけ電気が来ていて、仏像の後光のために利用されていた。そしてそこから村の有力者が自らの家に電線を引いていた。道路と同様に、電気もパゴダ優先、というのがいかにもミャンマーらしい。

一九九四年、村に電気が来始めていたが、メーターを付けている家はまだ一五六世帯中一八世帯にすぎなかった。新たな電化製品としては、テレビ所有世帯が五、ビデオが一、冷蔵庫が二、という状況であった。ビデオを所有するフラタウン氏の家では、庭にビデオ館を建てて、有料で村人に見せて副収入を得ていた。冷蔵庫を所有するテインハン氏はこれでアイスキャンディーを作って、学校帰りの児童たちに販売していた。このころの電化製品は耐久消費財ではなく、利益をもたらす資本財、つまり商売道具であった。

ティンダウンジー村でインタビュー調査中の筆者。冷たいミネラルウォーターが供されるようになったのは極々最近のことである。2013年8月、調査に同行した東大大学院生撮影

そして現在。まだすべての世帯に電気メーターが付いているわけではないが、メーター所有世帯が隣接した親族の家に「違法に」電線をつないで、電気を分けることによって、村のほとんど全ての世帯が電気を享受できるようになった。電気が来たからといって必ずしも電化が進むわけではないが、村にはテレビ、ビデオ、冷蔵庫、炊飯器、調理器などが急速に浸透している。これにも安価な中国製品が貢献している。特にテレビとビデオはセットで一万円程度からあり、貧困な労働者世帯でも持つようになっている。裕福な者は衛星放送を契約しており、プレミアリーグや大リーグ、さらには日本のＮＨ

K国際放送も見ることができる。冷蔵庫はそこまで行き渡ってはいないが、私に冷蔵庫から冷たいミネラルウォーターを出してくれた家もある。ただし、資本財としての冷蔵庫は、氷や既製のアイスクリームを売る商店の業務用冷蔵庫に取って代わられた。こうした電化製品の大衆化によって、今はビデオも冷蔵庫も商売道具ではなくなってしまった。

固定電話は二〇〇二年ごろに、これもまずはパゴダに引かれたが、全く広がらなかった。そしてごく最近になって目を見張るのが、携帯電話の普及である。特に今年（二〇一三年）になってSIMカードの価格が一五〇〇チャット（約一五四円）と従来の一〇〇分の一以下になって急速に広まった。これによって農民は価格情報を瞬時に取得でき、仲買人に騙されるというようなことがなくなった。左官は遠くからの注文を受けやすくなった。商売人は商品の注文先を選択することができるようになった。

面白いのがギャンブルである。元来ミャンマーの人たちはギャンブル好きで、昔から違法な賭け事や宝くじが横行していた。特にタイの宝くじの下三桁を当てる「チェー」やミャンマーの宝くじの下二桁を当てる「フナロウン」を扱う「ノミ屋」が官庁や商店街から農村まで隈なく回っていた。これが携帯電話のショートメールで行われるようになり、より広い範囲で、テレビのサッカーやボクシングに関するものも含め、より多様性を以て蔓延するようになった。

前回と今回の二回にわたって、ティンダウンジー村の急速なモータリゼーションとエレクトリフィケーションを中心に叙述してきたが、これは道路の整備と配電網の拡充があっての話である。ミャンマーにはまだまだこれらの近代化が進んでいない村の方が多い。今後のインフラ整備の方向性を考えるうえで、この村の事例が参考になるかもしれない。

〈農村見聞録⑨ 二〇一三年一一月一五日〉

4．AEC発足直後のタイ＝ミャンマー国境を訪ねて

アジアハイウェイ一号線の一部、南シナ海に面するベトナム・ダナンからラオス、タイを経てインド洋に面するミャンマー・モーラミャインに到る全長一四五〇キロは、東西経済回廊と呼ばれ、二〇一五年末に発足したAEC（ASEAN―東南アジア諸国連合―経済共同体）内の物流の大動脈となることが期待されている。しかしながら、モエイ（タウンジン）川を挟んでタイのメーソットと接する国境の町ミャワディからタニンダーリー（テナセリム）山脈を越える険しい山岳地帯は難所であった。特に、ミャワディから一八キロの距離にあるティンガンニーナウンとコーカレイッ間の四四キロは、上りと下りが一日毎に交代する一方通行のくねくね道で、トラックで六、七時間もかかる、同回廊のボトルネックとなっていた。ここにタイの無償資金協力により二八キロの新ルートが開設され、二〇一五年八月三〇日に開通式が行われた。この新道路を二〇一六年一月、パアンからミャワディまで、実際に走ってみた。

国境を流れるモエイ（タウンジン）川を渡るボート。対岸はタイのメーソット。2016年1月、ミャワディ側から筆者撮影

パアンからコーカレイッまでの一〇三キロは、ミャンマーの典型的な「ハイウェイ」である。片側「半車線」で、大型車とすれ違うと車輪が土の路肩に出てしまう、つぎはぎだらけ凸凹だらけの薄いアスファルトの道路で、四輪駆動車で二時間かかった。トラックなら三時間といったところであろうか。ここからミャワディまでの四六キロはタイの建設会社が請け負った、幅員一〇メートルの新道路で、四〇分ほどで完走してしまった。同乗していたカレン人の友人は、「この二つの道路を見ただろ。ミャンマー人の会社に請け負わせると、技術がないうえに、材料費を削って、請負代金で私腹を肥やすので、いい道路ができない。外国企業が一番だが、ミャンマーの会社に請け負わせる場合は、少なくとも外国人のスーパーバイザーを付けるべきだ」と、自国民だけではインフラの整備がおぼつかないミャンマーの現状を嘆いた。

タイ・ミャンマー友好橋のミャワディ側の出入国管理所には、タイ側に向かうミャンマー人たちの長い列ができていた。パスポートがなくても、二〇〇〇チャット（一チャットは〇・一円）で、その日の午後八時半までが有効期限の一日分のビザが取得できる。タイ側でまた二〇バーツ（一バーツは約

三・五円）支払うとのことである。車だと一台につき三万チャットとのことであった。

　ところが橋の両側を眺めてみると、乗客を満載したボートが両岸を行きかっている。往復の運賃は二〇バーツとのことである。もちろんビザなど必要ないので、こちらのほうが割安である。船着き場の一つに降りて行って、乗客にインタビューしてみた。乗船の目的は多くがタイ側での買い物であったが、ほかに病院に行く、工場に行く、あるいは学校に行くという人もいた。彼らが対岸で行動できる範囲は、市場の周り一帯の狭い範囲に限られているとのことであるが、大きな荷物を持って乗船してくる人もいる。どうも禁を破ってバンコクを目指す人らしい。捕まれば一〇万バーツ必要と言われている。

　切符を売っている人に、一日何人くらい乗るか聞いてみると、五〇〇〇人前後だという。橋を渡るのは手続きに時間がかかるので、日帰りならばこちらのほうが便利、とのことであった。そして驚いたことにこの切符売りは警官であった。お前さんはミャンマー語が達者だからタイ側に行ってもいいよ、という。管理したり、見逃したり、小さな特権でいろいろ稼いでいるのだろう。

　その後、ミャワディの商工会議所の会頭を訪ね、国境貿易についてインタビューした。ミャンマーからは水産物やリョクトウ、トウモロコシ、タマネギ等の農産物が出て、タイからは種々の原材料、食料品、電気製品等が入ってくる。肥料や農薬、農業機械などの農業投入財は免税だが、手続きが面倒なので、みんな一・五％の関税を払うという。またタイ側でもミャンマーの農産品は無税のはずだが、自国の農民保護のために、様々な非関税障壁を設けている。新道路のおかげで、毎月の輸出入量が六〇〇トンから八〇〇トンに増加したが、ミャンマー側の大幅赤字である。膨大な量のアンチモンやチークの密輸が行われており、これが公式化すれば、赤字は大幅に減るだろうとのことである。最後に会頭が強調したことは、タイもミャンマーも税関職員が賄賂まみれ、ということである。AECで様々な自由化がなされても、それを実行する末端職員の意識が変われなければ、その実効性は低いものになってしまうであろう。

〈農村見聞録㉞ 二〇一六年二月二六日〉

5. 雪山の麓の村々を歩いて

ミャンマー最北部にはヒマラヤ山脈の東端が張り出しており、東南アジアの最高峰カカボラジ（標高五八八一メートル）をはじめとする、万年雪を頂いた高嶺が連なっている。冬季にミャンマー最北の飛行場プタオに降り立つと、それらほど高くはなくとも、雪を被った山々を見渡すことができる。二〇〇二年一二月、私はそうした雪山の一つ、ポンカンラジ（標高三六〇六メートル）に登った。

一九九〇年代に始まった自由化・開放化によって、山奥の村にも外国人のトレッカーがやってくるようになった。私たちもそうした登山者の一行として、村の民家に宿泊させてもらった。今回は、この山行の道筋で見聞した、ミャンマー・カチン州北部の深山の中に点在する村々の生活を紹介する。

一泊めの村は、プタオ空港から歩いて六時間ほどの上サンガウン村。標高はまだ五〇〇メートルほどしかない。リス民族とロワン民族が住み、村の世帯数は一八〇、ビルマ民族と同じく、ほとんどは核家族世帯である。水稲作と焼畑を主な生業としている。焼畑の作物は陸稲とトウモロコシで、休閑期間は一〇年ほどというから、チン州と同程度に人口圧が掛かっている［農村見聞録㊸］ということであろう。水田は大規模保有といっても四エーカー（一エーカーは約〇・四ヘクタール）とかなり小さい。エーカーあたり六〇ポウンの籾が取れるという。およそ五八八キログラムだから、単収はかなり低い。一ポウンは三二〇ミリリットルのミルク缶六〇杯分を表す容量であるが、この単位はビルマ民族が多く住む中央平原やデルタ地帯ではほとんど使われておらず、使われていてもミルク缶六四杯分である。だが南南東にあるシャン州では、一ポウン＝ミルク缶六〇杯分と、プタオ地方と同じになる。ところが、ミルク缶八杯分が一ピーというのは、プタオ地方と中央平原・デルタ地域では同じであるが、シャン州では一〇杯分が一ピーとなる。最重要作物のコメを量る単位でさえ統一されていないのがミャンマーの現状である。

イノシシを撃ったボーガンを構えるジアダムの農民兼猟師。鏃には山で採集したトリカブトが塗ってある。2002年12月、カチン州・プタオ郡にて、筆者撮影

翌日の宿泊地はさらに六時間ほど歩いたワサンダム村。標高は九〇〇メートル、人口七五、世帯数一五で、うち一三世帯がロワン民族、二世帯がリス民族である。その中に一人だけカレン民族の男性がいた。彼は一九四六年にカレン州のパアンで生まれ、二一歳で国軍に入隊してプタオに赴任し、二年後にＫＩＡ（カチン独立軍）との戦闘で重傷を負い、三年間プタオの病院にいた。二八歳になった一九七四年に退役と同時にロワン民族の女性と結婚し、プタオ近郊のパケー村に住んでいた。そして、九三年に同村の人たちが切り開いたこのワサンダムに、九六年にやってきた。当時は三世帯しかなく、ブッシュを山刀で開拓して焼畑を、平坦地を犂と水牛で開拓して水田を造ったという。水稲は自家消費用で、主な現金収入源は焼畑で作るアブラナだという。これから油を搾って、徒歩でプタオの町まで売りに行く。雨季が終わった農閑期には、近くの川で漁をしたり、ボーガンでシカやイノシシを狩ったりする。村人は福音派のキリスト教徒で、収穫物や獲物の十分の一を教会に寄進する。

三泊目は、標高一〇八五メートルにあるジアダム村。人口一二〇、世帯数一九で、全員がロワン民族である。プタオの町から北に一〇日ほど歩いたナムサホン村から上サンガウン村を経て、一九八二年にこの地に入植した家族によって拓かれた村だという。焼畑だけでは十分なコメが得られず、水田を開いてコメを食べたい、というのが移動の動機だった。それでも水田を保有するのはわずかに七世帯で、残りは焼畑でメイズやマメ類とともに作られる陸稲が頼りである。焼畑も水田もイノシシの食害が凄まじい。

ジアダムを出ると人家はなくなったが、中国向けの木材を伐採したり、薬草を採集したりしている人々に出会った。さらに清流を渡り、雲霧林を歩き、最後は雪の中を登攀して、プタオ空港を出て徒歩七日目にポンカンラジの山頂に立った。

帰路にまたジアダムに宿泊したが、その日はちょうどクリスマスだったので、イノシシと猿の肉をプレゼントされた。後で調べたら、この猿はミャンマー語でミャウッフレージョーと呼ばれる類人猿、なんと絶滅危惧種のフーロックテナガザルだった。そういえば村の入り口には、爆弾での漁労やこの猿の狩猟を禁ずる看板があった。ちなみに、行程の途中で会ったアメリカ人は、自身が食べたというレッサーパンダの毛皮を持っていた。

自由に農地を拓けたり、森林を伐採したり、希少動物を狩ったりと、良くも悪くも中央政府の支配が十分には及ばなかったこの深山にも、道路が造られ、自然保護区が広がり、観光客がやってきて、村人の生活も「標準化」されていくことであろう。失った「自由」のせめてもの代償に、保健や教育の立ち遅れは改善されてほしいものである。

〈農村見聞録㊻ 二〇一七年七月一四日〉

6. 二三年ぶりの半乾燥地農村調査（上）

エーヤーワディ川の中流域、ミャンマーの中央部には「ドライゾーン」と呼ばれる乾燥した平原が広がっている。この地域では、一部の灌漑田を除き、ミャンマー農業を象徴する水稲を見ることはなく、ゴマやラッカセイが作付けされる畑地が展開している。マグエー県マグエー郡カンタージー村落区カンターレー村も、そのような乾地畑作農業地帯の中にある農村である。一九九四年一一月、私はこの村の一農家に住み込んで、村の家や農地を歩き回って、社会経済調査を行った。そして二〇一七年八月、二三年ぶりにこの村を再訪し、当時調査した家々や耕地を訪ねてみることにした。

一九九四年の村の総世帯数は二〇三だったが、二〇一七年には二八五に増えていた。このうち農地を保有する、いわゆる農家は一〇九世帯から一三〇世帯へと二一世帯増加しただけだったが、農地を持たない非農家は九四世帯から一五五世帯に六一世帯も増加した。農家はほとんど増えず、非農家だけが増加するというパターンは、私が訪ねた数多くのミャンマーの村々に普く観察される。

村に入って、こんなもの前になかった、とすぐに気づいたのが電線と水道とトラクターとオートバイだった。

一九九四年当時、前記のティンダウンジー村と同様に、明かりの供給源は蝋燭と灯油ランプと車のバッテリーだったが、二〇一四年に村に電気が来た、というよりも、村人が自分たちの力で引いてきた。昨今ミャンマー国中で流行りの「コートゥー・コータ」すなわち自力更生である。村は電力委員会を作り、一八〇世帯から二六万八〇〇〇チャット（一チャットは約〇・一円）ずつ集め、約五〇〇〇万チャットの費用を賄った。各戸はさらにメーター取付けに一二万チャット、家に引き込む電線代に一一万チャット負担した。しかし、残りの一〇〇世帯あまりはこれらの費用を用立てることができず、当然今も電気が来ていない。「村の電化」と個人のそれは異なる次元の問題、というのは村内の経済格差が大きいミャンマーの村々ではよく見られる現象である。

ドライゾーンの村々では、生きるためには電気よりも水の確保が重要である。この村には一九八一年に国連開発計画（UNDP）のプロジェクトの一環として井戸が掘られ、ディーゼルエンジンのポンプが導入されて、村人は遠くの池まで水汲みに行く必要がなくなった。水料金を水委員会が徴収し、施設の管理に充てることにした。だが、このポンプ場から家まで水を運ぶには大きなドラム缶やそれを載せる牛車や手押し車が必要だった。これを購入できない世帯は、小さなバケツで何度も水を運ぶかドラム缶の所有者から水を買うしかなかった。また、一九九四年には存在した水委員会は名目的なものになり、井戸とポンプの管理や水料金の徴収はこの権利を落札した個人に任された。

村の中を走る乗用トラクター。運転しているのは、件の水道料金徴収権を落札した大農アウンセイン氏の息子。2017年8月、マグエー郡カンターレー村にて、筆者撮影

このような中、二〇一一年に水委員会の委員長になったテーアウン氏らのリーダーシップにより、村中に水道管を張り巡らす計画が持ち上がった。委員会は村の全世帯から計四六〇万チャット、さらにはヤンゴンに出稼ぎに出た、あるいは移住した村人から計一五〇万チャット

の寄付を集めて、二〇一六年に村中に塩化ビニールの水道管を敷設した。これによって、週に一回だけではあるが、村の全世帯の庭先まで水が来るようになった。ただし、水道料金の徴収権は以前と同様、入札に付され、二〇一一年からずっと、村で有数の大農であるアウンセイン氏が落札している。井戸とポンプに加え、水道管の保守や水の配分も彼の義務となっている。二〇一七年の落札価格は七五万チャットで、水委員会がこれを年利一〇%で村人に貸し付けて、機器の修理代金に充てる。

二三年前、村の輸送手段は牛車と自転車だけだった。オートバイは今やどこの村でも見られるが、大型乗用トラクターが村道を所狭しと走り回っているのには驚いた。二〇一一年以降急増し、この村だけでも一九人のトラクター所有者がいる。耕運機も一時期導入されたが、畑の中でしばしば転倒するので、今は全く使われていない。ただし、農作物の生育中に条間を耕起し、除草や土壌の細砕を行う中耕には牛が欠かせないので、機械が完全に牛に代替したわけではない。それにしても、貧困だと言われているミャンマー乾燥地の農村で、二〇〇〇万から四〇〇〇万チャットもするトラクターが次々と導入されているのはなぜだろうか。電化や水道敷設も含めて、次回［農村見聞録㊿］はその背景を探ってみる。

〈農村見聞録㊾ 二〇一七年一〇月一三日〉

7. 二三年ぶりの半乾燥地農村調査（下）

一九九四年の住込み調査以来、二三年ぶりに訪れたマグエー郡カンターレー村には、当時は影も形もなかった電気、水道、トラクターが入っていた。二三年前には、土地を持たない農業労働者世帯は満足な食事さえできず、富農といわれる世帯でさえコメに雑穀を混ぜて食べていた。この貧困なドライゾーンの村にどのような変化が起こったのだろうか。農産物価格、雇用と労賃、農村金融といった経済的側面から考察してみよう。

乾燥地帯の村々では水稲ができないので、主食のコメはすべて購入しなければならない。一九九四年、村人が最もよく食べる平均的な白米の価格は、一ピー（約二・一四キログラム）で四五チャット（当時は一チャット＝一円）だったが、二〇一七年には一二五〇チャット（一チャット＝〇・一円）に上昇した。チャット建てで約二八倍になる。

雨季の前半、五月から八月にかけて栽培されるゴマがこの村の主作物である。二三年前の調査では、白ゴマと赤ゴマが作られていたが、二〇一三年くらいから黒ゴマが入ってきて、次第に赤ゴマが消えて、今は白ゴマと黒ゴマだけになっている。黒ゴマの単収は白ゴマより低いが、日本、中国、韓国などから引き合いがあり、価格が一割ほど高い。一九九四年の白ゴマ価格は一ティン（約四〇・九リットル）当たり一二〇〇チャット、二〇一七年は四万チャットだった。一五年には六万五〇〇〇チャットまで高騰したという。白ゴマ価格は、一九九四年比で、一五年には五八倍、一七年には三三倍になっ

ラッカセイ畑で除草作業をする農業労働者たち。農民が自ら労働者を集めるのが困難になり、「スィー・ガウン」と呼ばれる労働差配師に依頼するようになった。2017年8月、マグエー郡カンターレー村にて、筆者撮影

た。

雨季の後半の八月下旬から一一月にかけては主にラッカセイが作付けされる。一九九四年には立性と匍匐性の二種類の品種が作られていたが、今は立性のものしかない。匍匐性品種の方が日照りに強いが、立性種の栽培期間が三か月半ほどなのに対し、匍匐性品種は六か月であるため、二毛作ができないことに加え、匍匐性種は油しか取れないのに対し、立性種は最近増えてきた食用にもできることがその要因である。殻付きラッカセイの一ティンあたり庭先価格は、一九九四年の二〇〇チャットから二〇一七年には一万チャットと四〇倍になった。

ラッカセイとともに雨季の後半にはリョクトウも広く作付けされている。一九九四年の一ティンあたり庭先価格は七〇〇チャットだったが、二〇一七年には約三四倍の二万四〇〇〇チャットになった。キマメもゴマやラッカセイの間作として一〇年ほど前から作付けされるようになった。しかし、これらマメ類の主要輸出先であるインドが輸入量を管理しているために価格変動が激しく、村の農民はその作付面積を減らしている。

以上のように、村の農作物の価格上昇率は、どれもコメより高い。一九九〇年代に始まった農産物価格の自由化は、水田地帯よりも乾燥地帯の農民に有利に働いているように見える。ドライゾーンの村人たちは、コメの相対価格を基準に自らの所得や消費を評価するので、生活に余裕が出てきたと考えるようになってきている。

だが、これだけでは電気や水道設備のために大金を支払うことはできない。電化の時にはマグエー町にある金融業者から一世帯あたり一五万チャットを借りた。水道敷設の時もほとんどの家が同様の借金をした。このような借入ができるようになったのは、二〇一一年に小規模金融法が制定されたからである。それまでの闇金融は月利一〇％もの高利で、しかも多額の借入はできなかったが、二〇一三年の同法施行以降、多くの小規模金融機関が林立し、利子も月三％程度に下がった。また二〇一二年制定の新農地法により、これらの金融機関に土地を抵当に入れることが可能となり、借入金の限度額も増加した。

トラクターに関しては、こうした債務の他に三年のローンが組める。耕起料金は一エーカー（〇・四ヘクタール）あたり一万チャットで、一時間に四エーカー耕し、運転手三交代制で二四時間運転するので、粗収益は一日九六万チャット、燃料費、労賃、スペアパーツ代を引いて三分の一が残るとして三二万チャット、年間三〇〇日稼働したとして年収九六〇〇万チャット、となるから、四〇〇〇万チャット程度のローンなら簡単に返済できる計算になる。

農産物価格の相対的上昇と金融制度の整備によって、村は急速に「近代化」した。ただし、農業労賃は一日に三〇チャットだったのが三〇〇〇チャットと一〇〇倍にもなった。それでも農業労働は敬遠される。二三年前には一人もいなかった左官と大工がそれぞれ四〇人と三〇人出現した。一九九四年に調査した五〇世帯中、六世帯がマグエー町へ、三世帯がヤンゴンへそれぞれ一家で移住してしまっていた。すべてが土地なし農業労働者の世帯だった。労働力不足と賃金高騰の中で、農家はさらなる機械化と化学化を迫られている。トラクターでは代替しきれなかった役牛が、これからどのように消滅していくのであろうか。作物は農薬漬けとなってしまうのだろうか。ドライゾーンの農業はまだ「近代化」の緒についたばかりである。

〈農村見聞録㊿ 二〇一七年一〇月二〇日〉

第4章　村で生きた人、村を出る人

1. ウー・カラー家の隆盛と没落（上）

農地耕作権を保有する「農家」（正確には「農業世帯」）と保有しない「非農家」がミャンマーの農村部には相半ばして存在すること、そして「農家」の耕作権保有規模の格差も大きいことはすでに言及した。では、日本のように、農家は何世代にもわたって農家であり続けるのだろうか。明治・大正期の地主層のように、大規模な農地保有は世代間で受け継がれるのだろうか。ミャンマーの一農家を事例として、二回にわたってこうした問題を中心にミャンマー農村の階層変動について考えてみたい。

ヤンゴンから五〇キロほど離れたズィーピンウェー村を、私が初めて訪れたのは一九八六年、ビルマ式社会主義政権の時代だった。外国人が無許可で農村に行くことなど絶対にありえなかった当時、ヤンゴンで知り合った友人を伴って、パソー（ミャンマー伝統の巻きスカート状の衣服。男物はパソー、女物はタメインと呼ばれる）をはいてこっそりと訪問したのが、この村のウー・カラー（人名の前に付けるウーやコーはMr.という意味の敬称であり、ウーは地位や年齢が高い人、コーはそれが同等であると思われる人に対して付ける）宅であった。ミャンマー人としてはもう老人の域に達していた彼は、戦争時に出会った日本人の話などしながら、温かく私を迎え入れてくれた。

ウー・カラーは一九二〇年にこの村で生まれた。日本軍が村にやってきた当時は、カレン人（民族）やインド人地主の小作人をしていたが、村の近くにできた日本軍の靴工場に動員されたという。一九四八年のビルマの独立後も三〇エーカー（一二ヘクタール）ほどの小作地でコメを作り続けていたが、一九五七年から五八年にかけて実施された農地改革が彼の運命を大きく変えた。当時まだ三〇歳代であったにもかかわらず、村人からの人望が厚かった彼が、村長に推されたのである。また同時に農地委員会の委員長にもなった。

地主から接収した土地を村内でどのように分配するかを決める権限を持つのが、この農地委員会である。委員会のメンバー七人はすべてビルマ民族であり、それぞれ三〇エーカーから四〇エーカーの農地を耕作する小作人であった。地主や農業労働者あるいはこの村に多数居住するカレン民族は誰一人として委員になっていない。一方、彼らの地主はチェティアというカーストに属するインド人の金貸し、カレン民族、ドイツ人で、ビルマ民族はいなかった。農地配分の原則は、一世帯についてダドーントゥンを配分する、というものであった。ダドーントゥンとは、「耙（まぐわ）一丁」という意味で、一対（二頭）の役牛と犂や耙の組み合わせで耕作でき、かつ世帯員が生活していけるだけの農地面積を表すミャンマー独自の面積単位である。そうした面積は地形や地味によって異なるので、エーカーやヘクタールで測ったダドーントゥンの面積は村ごとに違う。ズィーピンウェー村の農地委員会はダドー

ウー・カラー宅。煉瓦作りの家も出てきた現在のズィーピンウェー村の水準から見るとみすぼらしいが、当時としては、村一番の大きな家であった。1986年8月、筆者撮影

ントゥン＝一二エーカーと決めた。ほとんどの小作人には世帯ごとにこの面積の水田が配分されたが、ウー・カラーだけは二四エーカーの配分を受けた。妻の弟が同居していたので、その分のダドーントゥンも受け取ったのである。一九八七年に村の全一三八世帯を調査した時、このように大きな面積を農地改革で取得した農家は彼の世帯だけだったので、委員長の役得という部分があったものと思われる。一方、農地改革時にすでに村の半数近くを占めていた土地なし農業労働者世帯には農地が全く配分されなかった。彼らは牛を持たないのでダドーントゥンを耕すことができないから農地は配分できない、と判断されたのである。

政権がネーウィンに移ってビルマ式社会主義が始まった一九六二年以降も、ウー・カラーは村長を務め続け、七四年まで一七年にわたる長期政権となった。その間、耕作権を放棄した農民の水田八エーカーを譲り受け、計三二エーカーの水田を経営する村一番の農家となった。さらには二・五エーカーの菜園も二束三文で購入した。籾米価格は国家により統制され、水田には水稲以外の栽培はできなかったので、水田からの儲けはごくわずかだった。これに対し、菜園には市場で売れる農作物を自由に栽培できるので、面積は小さくてもその利益は大きい。特にウー・カラーの菜園は、面積が村内でも特に大きく、地味もよかったので、ウー・カラー一家は社会主義時代のズィーピンウェー村では最も裕福な世帯であった。

〈農村見聞録④ 二〇一三年七月一二日〉

2. ウー・カラー家の隆盛と没落（下）

一九九四年、ミャンマー農業省の客員研究員をしていた私は、二度目の全世帯悉皆調査のためにズィーピンウェー村を訪れた。ウー・カラーは七四歳、ミャンマー人としてはかなりの高齢で、病気がちであった。一九八八年に軍政が成立してから六年、村長職は彼の娘婿であるコー・ウェーチョーに移っていた。ウー・カラーの一族は、政権が替わっても依然として村の政治の中心にいたのである。

一九八七年に調査した時、コー・ウェーチョーは前回［農村見聞録④］の写真のウー・カラーの家に、妻と四人の子供と一緒に同居していた。ミャンマーでは結婚と同時に親と別居して別に家を建てて世帯を構える（これをオークェ、「鍋を分ける」という）のが普通であるが、傍に居て親の面倒を見なければならない、別居するだけの金銭的裏付けがない、近所に適当な土地がないなどの理由で親と同居する場合も見られる。また同居する場合、妻方に住むか夫方に住むかという明確な規範はない。都合の良い方に住む、というのがミャンマー流である。

コー・ウェーチョーの場合、当面は妻の親であるウー・カラーと同居し、十分な経済的蓄積をしてから別居しようという意図があった。事実彼は一九九〇年にウー・カラー宅の斜向かいの土地を買って、高床ではないちょっとモダンな家を建てて一家で移り住んだ。その時彼の妻は八エーカーの水田をウー・カラーから分割贈与された。また、コー・ウェーチョーは同居中に一エーカーの菜園も取得

ズィーピンウェー村の一般的な家：高床式で、屋根と壁はダノウン（ヤシ科植物の葉）、床は竹というのが1995年当時の村の一般的な家の造りであった。1995年8月、筆者撮影

コー・ウェーチョーの家：高床式でない家は村で初めてであった。屋根もトタン屋根で、防熱効果のある天井も付いていた。1995年8月、筆者撮影

していた。彼は目端が利く農業経営者で、鶏を大量飼育したり、サバガーという魚と稲を同時に育てる農法を採りいれたりと、それまでズィーピンウェー村にはなかった農法を次々と導入した。彼が村長になったのも、そのような進取の気性とウー・カラーの暗黙の影響力であった。

ところが一九九八年、コー・ウェーチョーは脳卒中で倒れ、翌年亡くなってしまった。まだ五四歳だった。彼の治療費のために水田も菜園も売り払われ、一家は土地なしとなった。また彼の四人の子

供のうちでたった一人の息子であるソウナインは酒浸りになって、三五歳の若さで落命した。ミャンマーには医療保険制度がないため、治療費の嵩む病気にかかると土地、家屋、貴金属などをいっぺんに売り払わざるを得なくなり、大金持ちも一挙に貧乏人に没落してしまう。貧困に陥る最も重要な要因が、世帯構成員の病気や事故だと言われている。

ウー・カラーは一九九六年にやはり一年ほど寝込んでから亡くなった。この治療費のためにも八エーカーの水田が売られた。彼にはコー・ウェーチョーの妻を含む三人の娘と一人の息子がいたが、息子のミンシュエが一六エーカーの水田と菜園と宅地を相続した。彼は気立てのいい青年であったが、妻に菜園で野菜を作らせて行商させるだけで、自分はほとんど働かなかった。水田を切り売りしながら生計を立てていたが、ついに昨年（二〇一二年）、村で最も広い菜園と宅地をヤンゴンに住むシャン民族の男性に売り払ってしまった。農地改革時はミャンマー国民の七〇％を占めるビルマ民族への農地配分が優先されたが、二一世紀に入って、水田がチン民族やモン民族やインド人に売られ、菜園や宅地がカレン民族やシャン民族に売られて、この村はいろいろな民族が共住する村へと変化しつつある。

こうして、ウー・カラーが人望と政治力によって手に入れた村で最も広い水田と菜園は、すべて他人の手にわたり、彼の子供たちはみな土地なし貧困層に転落してしまった。

ミャンマーの村には、農地耕作権を保有するものと保有しないものが相半ばして存在し、農家の耕作権保有規模格差も非常に大きいが、大規模農が次の世代では一挙に土地なしになり、逆に小規模農が短期間で広い土地を取得するような現象がしばしば観察される。階層性が持続することとその中身が固定的であることとは全く別の問題なのである。

〈農村見聞録⑤ 二〇一三年七月一九日〉

3. 古本商ジャパンジーの死を悼む

二〇一四年七月二八日、ミャンマー文化省の局長から、ジャパンジーが亡くなったとのメールが届いた。七月上旬に電話した時は、肝臓が悪くて入院中だがすぐによくなるので八月に会おう、と言っていた矢先の訃報だった。享年四一歳、早すぎる死である。私が主宰するミャンマー研究のメーリングリストを見て、日本だけでなく海外の大学教員からも彼の死を悼むメールが届いている。

それにしても彼は一介の古本商である。しかも自分の店も持たず、道路脇にビニールシートを敷いて本を並べ、官憲の手入れがあれば逃げ惑う哀れな露店商人にすぎない。そんな彼の死去になぜ文化省の局長が第一報をくれ、多くの研究者が哀悼するのだろうか。これに関するミャンマー本屋業界の構造的特質に関しては一九九六年に書いた拙稿「ヤンゴン古本屋事情」(https://ricas.ioc.u-tokyo.ac.jp/asj/html/es02.html)を参照してもらうこととし、今回は農村見聞録の一環として、彼の追悼を行いたいと考える。なぜならば、彼の存在は決してミャンマー農村研究の「番外」ではなかったからである。

彼の本名はミョーミントェー、しかし誰もそうは呼ばず、訃報で彼の本名を知ったという者がほとんどであろう。ジャパンジーという綽名がついたのは幼少のころ色が白くて日本人のようだったからだそうである。私が彼に初めて会ったのは一九九二年ころであるが、そのような面影は露ほども残っていなかった。店を構えた本屋と露店の古本商が集中するヤンゴンのパンソーダン通りを歩いていて、最初に声をかけてきたのが彼であった。次の日はホテルまで押しかけてきた。一九八八年に高校生だった彼は民主化運動に積極的に参加して放校処分になった。そのためか英語はほとんどできないが、上客の匂いをかぎ取って、外国人にでもミャンマー語で話しかけていく押しの強さが、居並ぶ同業者の中では際立っていた。

2014年1月に開催されたミャンマー・ブックフェアに仲間と参加したジャパンジーことミョーミントェー氏（写真左端）。ヤンゴンにて、筆者撮影

彼は積極果敢な営業で外国人の常連客を増やすだけでなく、彼に本を売るミャンマー人達へのコネクションも広げていった。その中には高名な大臣、学者、軍人、弁護士などが多数いた。そして、シャン民族の文化、コンバウン時代の王宮、ミャンマーのスポーツ史といった研究者の個別課題に応じて次々と適切な本を集めてくるのだった。こうして本を売る側と買う側の需要をマッチン

グさせるのが非常にうまかった。特に日本人の常連客が多く、それがジャパンジーの由来になっていると考える者もいるほどだった。日本人が多いのは、ミャンマー語しか話せない彼と話せる研究者、すなわち自在にミャンマー語を操れる研究者が世界中で日本に最も多いからである。

私の研究にも彼の資料収集能力は大いに役立った。農村研究は、現地に行って村人にインタビューすればよいというものではなく、ミャンマーの歴史、政策、法律から農業技術や害虫の知識まで膨大なミャンマー語資料を必要とする。調査の前後には、調査地の地誌も読まなくてはならない。とにかく普通の書店では見つからない重要な資料を彼は続々と集めてくれた。

英領植民地期の農地問題に関するチッティー・サージョウッと呼ばれる契約文書を収集するプロジェクトを行った時は本当に助かった。もうそんなに残っていないだろうと思われた一九世紀末から二〇世紀初頭にかけての古い文書を五万枚も集めることができた。まだ分析の途中であるが、当時の農村の様子がだいぶわかってきた。また現在ミャンマーで大問題となっている軍や財閥による農地接収問題については、国会のすべての議事録や内部資料を手に入れるべく奔走してくれていたが、これは未完のプロジェクトとなってしまった。

外国人相手に特別なコレクションを納入するのだから、ミャンマー人の古本商から見たら、法外な価格をつけて莫大な収入を得ていたはずである。にもかかわらず彼は露天商のままだった。稼ぎを仲間たちと飲み食いしてしまうのである。京都大学の図書館に大量にミャンマーの本を納入した時は、まとまった大金を手に入れたのだが、それで喫茶店を開いて大失敗した。自分でも言うくらい、本屋以外には能力のない男だった。稼いだ分だけ飲む大酒が命取りとなってしまった。合掌。

〈農村見聞録⑲　二〇一四年八月一日〉

4. ミャンマー現代史を生きたチッミャイン長老

二〇一四年四月、チャウセー郡ティンダウンジー村のチッミャインさんが亡くなった。享年九二歳。村で最高齢の長老であった。ミャンマー語辞書でルージー（長老）を引くと、「年長者」のほかに、「地域のリーダー、重要人物、尊敬される人」、といった意味があることがわかる。彼はそのすべてに当てはまるような人物だった。イギリス植民地時代に生まれ、日本占領期、独立後の議会制民主主義期、社会主義期、軍政期、そして民主化期と、ミャンマー近現代史とともに生きた人でもあった。

チッミャインさんは一九二二年に中部ミャンマーのメイッティーラで生まれ、二〇歳のころ、当時日本軍の支配下にあった近くの飛行場に出入りするようになった。それが縁で日本軍の補給係として雇用される。彼は故郷を離れて従軍し、カチン州のインド国境近くまで行ったという。ここから日本軍は敗走し、マンダレーを経由して、チャウセーにあるこの村も通過して逃げて行った。村の古い煉瓦作りの建物には今も当時の銃痕が残っている。チッミャインさんはここで日本軍と別れ、村の僧院で得度して僧侶になった。これが縁で、村の比較的裕福な農家の娘、ティンフラインさんと出会い、還俗して農民になった。ミャンマーでは僧侶と俗人の間の往来は自由であり、このような事例はごく普通のことである。

独立直後、村は白旗共産党の支配下にあったが、ほどなく中央政府の治世下に入った。どちらも農地改革を行おうとしたが、チャウセー周辺では失敗に終わった。チッミャイン夫婦の農地も取り上げられることはなく、村の農地配分は不平等なまま今日に至る。農業だけでも十分に暮らしていけたが、チッミャインさんはヤンゴンにタマネギや唐辛子を出荷して財を成していった。社会主義時代になる

パヤーを見上げる場所に設置されたチッミャインさんの墓。出家させた、僧院を建てた、池を造った、と生前の功徳が書かれている。2014年8月、筆者撮影

チッミャイン夫妻。私が連れていった研究者や学生も暖かくもてなしてくれた。2001年1月、筆者撮影

と、権力とつながって金を儲けたい人や力を誇示したい人が、入れ替わり立ち代わり村長や書記長になったが、彼はそのような人々から距離を置いた。そのため土地を取り上げられそうになったり、牢屋に入れられそうになったりしたこともあったという。そんな時代の終わりごろ、村にひょっこり外国人がやってきた。私である。

一九八七年、ヤンゴン外語学院の留学生だった私は、農村の経済調査をするために、伝手を頼ってティンダウンジー村に辿りついた。チッミャインさんは私を歓待してくれ、納屋の一角にある部屋を提供し、小学校教師の息子を調査の案内につけてくれた。無許可で外国人が村に入ること、まして や宿泊して調査することなど考えられなかった時代の話である。調査が半ばまで進んだところで、村の社会主義計画党書記長が、変な日本人が住み込みで調査をしている、とお上に訴え出た。私はすぐにヤンゴンに帰らざるを得ず、しばらくして、「もう一度無許可で旅行に出たら国外追放する」という趣旨の「最後通牒」と題された書類を教育省から出されてしまった。その後、チッミャインさんは官憲に厳しく取調べられたそうであるが、その内容については、亡くなるまで詳しくは話してくれなかった。

その翌年、軍事政権になると、彼は当局から村長に指名された。チャウセーの村々はNLD支持者が多く、権力欲や物欲が強いだけの村長では村の安寧が保てないとの判断からであろう。私はというと、最後通牒などなかったかのように毎年村を訪ね、一九九四年、今度は許可を得て、チッミャイン村長の家に住み込んで、二度目の経済調査に臨んだ。当時、村人たちは村長の指示で国道沿いに交替で立ち、シュエテインドー・パヤー（パゴダ）改修のためのお布施を集めていた。当番を怠ると、チッミャイン村長は拡声器でその者を叱責した。温厚な彼が怒った姿を見たのはそれが最初で最後だった。またパヤーに続く舗装道路も彼のリーダーシップがなければできなかったかもしれない。この事業が、後述するように、村に莫大な経済効果をもたらした［農村見聞録⑫～⑮］。

晩年のチッミャインさんは認知症を患い、奥さん以外の人は認識できなくなってしまった。それでもいつもにこにこしていて、仏教の話ばかりを私にしていた。土地は子供たちに生前贈与したが、数多の金銀財宝はすべて複数の僧院に寄進した。彼の功績で豪華絢爛に大変身したパヤーを見上げるように、彼は眠っている。

〈農村見聞録㉓　二〇一五年一月一三日〉

5. 千葉・富里のミャンマー人農業実習生

二〇一五年七月下旬、五人の大学院生を引率して千葉県富里市を訪ねた。ミャンマーからの農業実習生と受け入れ農家のインタビュー調査が目的であった。

「先生、田んぼが全然見えませんね」と学生たちがまず言ったように、富里の農業は畑作中心で、ミャンマーの中央乾燥地のような風景が展開している。見渡すかぎりの畑の中を走り抜けて訪問した堀越家は、春夏に西瓜、秋冬に人参を栽培する、富里の典型的農家である。経営面積は五ヘクタールだが、所有農地は平均的な一ヘクタールほどで、あとは借地している。お子さんたちは農業に就業していないとのことで、初老のご夫婦だけでこれだけの面積を切り盛りするのは不可能である。どうしても労働者を雇用せざるをえない。

日本人の農業労働者が見込まれない中、十数年前から外国人のアルバイトを雇用してきたが、農業に少し習熟すると辞めてしまうという状況が続いていた。そのような中で、ミャンマーからの長期実習生を受け入れたのが六年前だった。彼らは、初級レベルの日本語教育を受けているうえに、それまで雇用していたスリランカ人と比べて、座り仕事に慣れているという優位性がある、と堀越さんは話していた。

私たちが会ったミョーさんは、堀越家二人目の実習生で、三年の研修を終えて、八月に帰国するとのことだった。彼は当年三二歳、ヤンゴンの南方、アウンサンスーチー氏の選挙区で知られるコームー郡の出身で、実家は五エーカー（約二ヘクタール）のベテルリーフ（キンマの葉）園を経営する富農である。彼自身は叔父の自動車修理場で働いていたということで、農民だったというわけではない。日本に来る実習生の多くと同様に、研修先がたまたま農家だっただけのことである。

後からやってきた、別の農家で実習しているソオさんも、五〇エーカーの米作経営をする大農家の出だが、自身は工業大学中退とのことである。だが二人とも農家出身なので、三年間の研修を終えて帰国した後は、故郷で日本の西瓜を栽培して、ヤンゴンの市場に出してみようかという気になってい

JA富里の産直センター。堀越さんやミョーさんが作った西瓜や人参もここで販売されている。
2015年7月22日、筆者撮影

る。堀越さんもそれを応援したいとおっしゃっていた。

ミョーさんは、ミャンマー海外労働者派遣協会（Myanmar Oversea Employment Agencies Federation）という公式機関を通じて日本に来た。当時はこの機関に登録する仲介業者に、語学研修費、旅券および査証代、航空運賃等々ワンセットで六〇〇〇ドルほど支払った。ただし現在では三〇〇〇ドル以下に規制されているとのことである。公式ルートで日本に来るミャンマー人実習生の負担はこの三年間で半分になっていることになる。それでもまだ高いと、多くのミャンマー人実習生や受け入れる日本人は感じている。

ミョーさんの月収は、農閑期の一〇月と一月こそ八万円程度であるが、その他の月は一五万から一六万円の手取りがある。そのうち一〇万から一一万円を両親に送金する。この送金額の半分は実家の諸々の出費と仏教関係の布施や寄進用で、残りの半分は日本から持っていく西瓜の新品種の栽培や自動車修理工場の経営拡大のために使いたいと言う。

農地を買うことも考えていたが、五年前に一エーカーあたり一五〇万チャット（一ヘクタールあたり約三七万五〇〇〇円）だった水田価格が、昨今の土地騰貴ブームのあおりを受けて、現在では二五〇万チャット（同六二五万円）と、一七倍にもなっており、当地の農民は言わずもがな、日本で稼いでも買える価格ではなくなってしまった。西瓜と自動車修理の両方を考えているのは、どちらかが失敗したら残りの片方で稼ぐというリスク回避というよりも、ミャンマーの富農によくある、業種を超えた経営拡大志向を反映したものであろう。

日本での農業実習は、日本人が嫌うほど重労働で、収入の季節変動もあって、ミャンマー人にとっても決して理想的な就業と言えるものではない。だが、ミョーさんやソオさんは恵まれた部類に入る。彼らの郷里の村人たちの半数以上は農地を保有せず、多くは日給五〇〇〇チャット（約五〇〇円）ほどで農家に雇われ、月に一五日から二〇日程度の雇用機会しかない農業労働者である。彼らには日本に行くための大金を仲介業者に支払うことなど不可能である。そのような多額の借金をかき集めることもできない。彼らが外国で働くとしたら、非公式なルートでタイやマレーシアに渡り、より過酷で高リスクで低賃金の労働をするしかない。事実そのような人々が彼らの郷里では急増しているという。

外国での就労も、ミャンマー農村内部の経済格差を反映したものとなっているのである。日本で技術を習得し、資金も貯めた彼らが、郷里に技術を移転し、農村内の雇用機会を拡大することになるのかどうか、まだ定かではない。

〈農村見聞録㉘　二〇一五年八月七日〉

6. タイへ向かうカレン州の村人たち

カレン（カイン）州は、面積約三万平方キロメートル、人口約一五〇万人、ミャンマー連邦共和国の南東部に位置し、タイと長い国境を接する。カレン民族の人口は、バマー（ビルマ）、シャンに続いて三番目に多く、ミャンマー連邦の人口の約七％を占め、その大部分がエーヤーワディ・デルタ地域とこのカレン州に住む。カレン民族というと、ミャンマーが独立した年の前年の一九四七年に結成され、反政府武力闘争を続けてきたカレン民族同盟（Karen National Union, KNU）が有名である。同組織の幹部やヤンゴンの外国人家庭のお手伝いさんたちにカレン人キリスト教徒が多いことから、カレン＝キリスト教徒のイメージが強いが、カレン民族の八割は仏教徒であり、カレン州の場合はそれが九割近くにもなる。

六五年にわたる戦闘を経て、二〇一二年一月、KNUはミャンマー政府と停戦合意に至る。そして、タイ国境から延びる新道路の建設や国内外からの投資や援助の急増によって、カレン州にも「発展」の波が押し寄せてきた。二〇一六年一月、外国人の調査が自由にできるようになったカレン州の村々を訪ねてみた。ちなみに二〇一四年センサスによると、カレン州の人口の八割は農村部に居住（全国平均は七割）している。

州都パアン近郊には水田地帯が広がり、エーヤーワディ川流域の河谷平野やデルタ地帯と同様に、主作は水稲である。男が苗抜きをして、女が田植えをする、というのも同じである。また使役牛が激減し、田起こしや稲の収穫の機械化が進んでいるのも共通する。むしろこのあたりの方が変化が速いように感じる。裏作は、これもミャンマー中央部と同様に、軍政期にはコメの二期作化が半ば強制的に進められたが、最近はリョクトウ、ラッカセイ、ダイズといったマメ科作物に変わってきている。しかし、コメにもマメにも化学肥料や農薬などは一切使わず、除草も全く行わない。どこか手抜きのような感じがする農法である。

ダイズを脱粒する農業労働者たち。全員がタイの工場や養魚場で三年以上働いた経験がある。2016年1月、パアン県のジョウチャウン村にて、筆者撮影

水田の他に近年増えているのがゴム園である。ゴムの生産は、一九九〇年代に、中国の旺盛な需要に対応する形で、隣のモン州でまず作付が急増し、二〇〇〇年代になってそれがカレン州にも伝播してきた。新作物のゴム栽培からの収入は、伝統的なコメやマメからの収入を大きく凌駕し、一部の農家の農業所得を激増させた。

水田やゴム園を視察した後、村の中を歩いてみると、真新しく大きな家々が競い合うように並んでいる。ビルマ民族やシャン民族と同様に、カレンの人々も家を新築するとその年を家屋の入り口の上に大きく表示するので、これらの家々がいつ建てられたのかが瞬時にわかる。それらを一つ一つ丹念に見てみると、ほぼすべての家屋が、

一九九〇年代以降のもので、二〇〇〇年代になるとより多くなっている。ゴムで一稼ぎしたのであろう、と思いきやそうではなかった。ほとんどすべての家がタイへの出稼ぎによって新築費用を賄ったとのことである。

カレン州の人々が雪崩を打ってタイへの出稼ぎを始めたのは、軍政期の一九九〇年代初頭からである。鎖国的な社会主義が崩壊し、近隣諸国との経済交流が始まった時期と重なる。KNUとミャンマー国軍の戦闘が激化し、多数のカレン難民がタイに流出した時期でもある。

村で会った娘さんは、一九九九年、一四歳の時にタイに不法入国した。それでもブローカーに四五〇〇バーツ（当時は一バーツ≒三円≒九チャット）支払った。当時の田植えの日当が一〇〇チャットだったので、この額は四〇五日分の日給に相当する。彼女はバンコックのレストランで二年間無給で皿洗いをした後、一日一八〇バーツ（当時の為替レートで約四九〇円）でウェイトレスとして三年間働いた。そしてタイ語が大分できるようになると、店をやめて市場で野菜売りを始めた。一日四〇〇バーツほど稼げたという。二〇〇四年時点でのこの村の田植えの日当の約二〇倍であった。二〇一五年、彼女は村で子供を産むために一六年ぶりに故郷に帰ってきた。

その後訪ねた村々でも、男女を問わず、農地のあるなしにかかわらず、何処も彼処も、誰も彼も、タイで働いた経験を口にした。それも短期間あるいは季節的な出稼ぎではなく、五年も一〇年も働いていた人が多かった。

現在、合法的にタイに行くには五〇万（一チャットは〇・一円）から八〇万チャット、旅券や査証なしの非合法の場合は二〇万から五〇万チャット掛かるといわれている。日当四〇〇〇チャットほどで、しかも毎日雇用機会があるとは限らない村の経済状況からして、合法非合法いずれにしても大金である。この金のほとんどは借金で賄う。長期間タイで働かなければならない理由がここにある。金額に幅があるのは、仲介業者やタイで就く職種によって料金が異なるからである。合法の場合は一か月から三か月ほど待たなければならないが、非合法ならばすぐにでもタイに行くことができる。このように手数料や待機期間の有利さから、非合法の方が好まれる傾向にある。ただしタイに行くと、非合法を理由に先述の娘さんのように搾取され、運が悪ければすぐに強制送還となって、渡航の際の借金だけが残る。

二〇〇〇年代のゴム景気によって帰国する者が一時増えたが、中国の景気後退で、今やゴム園経営は火の車である。内戦の終結や東西経済回廊の整備によって、タイ側から製造業や観光業の進出が始まっているが、これらが十分かつ安定的な雇用機会をもたらすまでは、まだまだカレン州からタイへの村人たちの越境は続くことであろう。

〈農村見聞録㉟　二〇一六年三月四日〉

7．チン丘陵の焼畑からマレーシアへ

ラカイン州北部からのいわゆるロヒンギャ難民の大量流出で、アセアン諸国特にムスリムが多いインドネシアおよびマレーシアとミャンマーの関係がぎくしゃくしている。マレーシアのナジブ・ラザク首相は、ロヒンギャ迫害に対する抗議集会に参加するなど、ミャンマー政府に対する批判を強め、二〇一六年一二月六日からミャンマー政府はマレーシアへの労働者派遣を停止している。

このように最近でこそミャンマーからマレーシアへのロヒンギャ難民の大量流入が注目を集めているが、二〇一四年末のＵＮＨＣＲ（国連難民高等弁務官事務所）の統計によると、一三万九〇〇〇人のミャンマー難民のうち、チン人（民族）が五万六二〇〇人と、ロヒンギャの四万七〇〇人を上回っていた。また同年に実施されたミャンマーのセンサスによると、チン州の人口は四八万ほどで、総人口五〇〇〇万の〇・九％を占めるにすぎないのに対し、マレーシアに居住するミャンマー出身者三〇万人中、チン州出身者は二万七〇〇〇人と九％を占める。先の難民数と合計すると、二〇一四年時点でマレーシアにいるミャンマー出身者四四万人中一八％の七万七〇〇〇人がチン州出身だということになる。こうした人口流出は今に始まったことではなく、軍政期の一九九五年頃から続いている。今回は大量の人口を押し出すチン州の生業構造を描いていくことにしよう。

チン州はミャンマーの北西部に位置し、険しい山岳地帯がその大部分を占める。チン民族は三一の語族に大別されるが、谷を一つ隔てれば言葉が通じないこともあるという。こうしたばらばらの山地

部族が、独立後の行政区画や自治を巡る内戦の中で、徐々にチン人（民族）となってきたものと考えられている。

そのような多種多様の中で共通しているのが、彼らが古来狩猟採集民族だということである。そしていつのころからか移動しつつ耕作を行う焼畑がそれに加わり、定住化している今でも、チン丘陵では広く行われている。たとえば、私が二〇〇四年から二〇〇五年にかけて実態調査した、チン州の州都ハカ町周辺の農地の八割は焼畑だった。

焼畑地の中に点在する棚田群。写真上部の町は、チン州の州都ハカ町。2005年12月、フニャーロン村にて、筆者撮影

焼畑を拓くにはまず木を伐り雑草を取り除かなければならない。この作業は収穫が終わった九月末から一二月末まで行われ、二、三か月ほど木や草を乾燥させた後、乾季末の三月中旬から四月上旬に火入れを行って、これらを焼き払って灰にする。その後雨季の到来を見極めながら、四月下旬から五月下旬にかけて種蒔きを行う。火入れの一日以外に村の共同作業は一切ない。播種されるのは、メイズ（トウモロコシ）、アワ、ゴマ、そしてキマメやダイズなどのマメ類である。中でもメイズは最重要作目で、チン人の主食でもある。固いフリントコーンを塩味で茹でるだけのもので、食べてみたが不味かった。

チン州はミャンマーの平野部からの交通の便が悪く、コメを移送すると高価になってしまう。そこで一九五〇年代からチンの人々は棚田を作り始めた。コメの方が美味で、調理に時間や薪代がメイズほどはかからないからである。山の中腹を走る幹線道路の下には、焼畑に交じって棚田が今でも次々に開発されている。だが棚田造りにはそれ相応のコストがかかるので、金銭的に余裕のある者しか棚田を造成することができない。コメは所得が上がると需要が減少する下級財だと言われるが、ここチン州では明らかに上級財である。

と、ここまでは基本的に自給自足の話である。医療、教育、耐久消費財等の必需を満たすため、人々は山の動植物を換金してきた。だが人口増や利権を伴う諸規制によってそれらが手に入りにくくなると、人々は出稼ぎに出るようになった。最も近い出稼ぎ先は、チン州から徒歩で行くことができ、言語も共通するインドのミゾラム州である。社会主義期の一九六〇年代後半から盛んになったという。いきなり外国に行ったのは、国内に就業機会がなかったからである。ミゾラムでの仕事は農業労働や道路工事であり、それなりの現金収入はあったが、手配師や雇用主に騙されて一文無しで帰ってくることも多かったという。

そこにミゾラムの一〇倍は稼げるマレーシアの工場や建築現場での労働の道が一九九〇年代に開かれた。チンの若者は親族や近隣から莫大な借金をして続々と彼の地に渡った。査証を持たない者たちは、強制送還されないように「難民」になった。何年か立って帰国すると、棚田を作り、家畜を飼い、オートバイや不動産を購入して、村の富裕層にのし上がることができた。こうした道筋が彼らとは無関係なところで突然遮断されてしまった今、チンの若者たちは何処へと漂流していくのだろうか。

〈農村見聞録㊸　二〇一七年五月一九日〉

第5章　宗教と経済の連関

1．村にもたらされた仏の恵み（上）：経済の自由化とともに

ミャンマーで、パヤー（phaya）というと、神様、ブッダ、仏様、パゴダ（仏塔）、仏像、高貴な王など神聖なものを指す様々な意味があり、また僧侶と話す時にも、最後にこの言葉をつけて尊崇の意を表す。今回から三回にわたり、このパヤーが村にもたらした莫大な経済効果と社会変化について語ることにしよう。舞台は、マンダレーの南、チャウセー県チャウセー郡ティンダウン村落区ティンダウンジー村である。

マンダレーから南に向かって国道一号線を走ると、チャウセー町の手前数キロのところで、赤地に金色の文字で書かれた「シュエテインドー・パヤー」という大きな看板を目にする。ここでいうパヤーとは五〇センチほどの小さな仏像であるが、それに関わる建物群も総称してパヤーと観念されることが多い。今やこのパヤーは、マンダレー管区域（Mandalay Region）において、マンダレー市内のマハムニ・パヤーに次ぐ参拝名所であり、遠く離れたヤンゴンでもその名を知る者が急増している。

しかし、私が初めてこのパヤーを訪れた一九八七年、その建物群は極めてこぢんまりとしており、村とその周辺の人々が慎ましやかに信仰する、どこの村にでもあるようなパヤーであった。私が寄進した一〇〇〇円で小さな門を作って、私のミャンマー名を刻んでくれるくらいの規模であった。当時から、このパヤーは一一世紀中ごろにミャンマー最初の王朝バガン朝の開祖アノーラター王が建立したものであり、霊験あらたかであるという言い伝えはあった。だが、碑文学者のルースの論文などを

読むと、どうも場所が違うようにも思われる。

そんな村の小さなパヤーが、一〇億チャット（一チャットは約〇・一円）をかけて、仏像を安置するチャウンダイッと呼ばれる仏殿、ダマーヨウンという講堂、ザヤッと呼ばれる信徒の休息所などを現在建設中であり、二〇一四年六月ごろには完成の見通しとなっている。総世帯数二三六、人口一〇二四（二〇一三年八月時）の小さな村がなぜこのような大事業を敢行できるのだろうか。農業労働者の賃金が一日三〇〇〇チャット、左官や大工の日当が五〇〇〇チャットで、これらを主業とする世帯が村の半数を占める［農村見聞録⑦参照］村がどのようにしてこのような大金を集めることができたのであろうか。まずはそのあたりから探ってみることにしよう。

完工間近のシュエテインドー・パヤーの大伽藍。中央の文字は「ミャバイン」と書かれており、チャウセー町の缶入りコンデンスミルクメーカーの名前である。一代で財を成した、この会社のオーナーは国会議員も務めている。2013年8月、筆者撮影

このパヤーの命運が好転し始めたのは、一九八九年、軍政登場の翌年である。マンダレーの中華街の商人タイチーマウンが、協同組合にかかわる詐欺容疑で裁判にかけられ、苦しい時の何とかで、この村の長老ウー・バッチッに頼んで、シュエテインドーの仏様に祈りと供物を奉げたところ、翌九〇年に裁

判所が火事になって証拠書類が焼けてしまい裁判を免れる次第となった。この商人は工業大臣や国境大臣を連れてこのパヤーを幾度となく礼拝するようになり、また経済的成功を祈ることができるとの評判が広がって、マンダレーの中国系大商人が挙って寄進するようにもなった。

そして一九九三年、時の国家元首タンシュエ上級大将の妻ドー・チャインチャイン（「ドー」は相対的に年配の女性につける敬称）が噂を聞いて訪れる。当時はまだ車道がなく、馬車でやってきた彼女は砂埃まみれになったという。この時マンダレー軍管区の司令官も同行しており、この時とばかりに、国道からパヤーまでの舗装道路を作りたいと先述のチッミャイン氏を中心とする村の長老が申し出るとすぐに了承された。お墨付きを得た村人たちは国道脇で喜捨を募り、将校や高級役人からも多額の寄進が集まった。

そして私が村で二度目の住み込み調査をしていた一九九四年、軍・官・民一体となった労働奉仕（ロウッアーペー）によってアスファルトの道路が完成した。これにより、車で直接乗り付けられるような大金持ちの大臣、官僚、商人たちが大勢かつ頻繁に参詣するようになり、寄進も累増した。今や献納金だけで月額三〇〇〇万チャットを集める大パヤーである。

通常仏に祈るのは来世の幸福であるが、このパヤーは現世での成功、特に経済的興隆をもたらすことで名を成しており、軍政期の経済自由化路線と軌を一にして台頭してきたように見える。

〈農村見聞録⑫　二〇一四年三月二一日〉

2. 村にもたらされた仏の恵み（中）：生み出された新職業

どこにでもあるような村の小パヤーから、一〇年ほどでマンダレー管区域第二の寄進額を集めるようになったシュエテインドー・パヤーは、様々な新しい就業機会を生み出し、村に大きな社会経済変化をもたらした。今回と次回［農村見聞録⑭］はパヤーによって生み出された種々の職業とその経済効果について話すことにしよう。基準値は、村の最低賃金にあたる農業労働者の日当三〇〇〇チャット（約三〇〇円）およびそれより少し上の左官や大工の五〇〇〇チャットである。

まずは「ゴーバカアプェ」。「仏塔管理委員会」と訳される。仏塔の代わりに仏像や寺院を入れてもよい。これはどこの町や村のパヤーにもあり、新しいものではない。シュエテインドー・パヤーには一一人の委員がいる。パヤーが名を轟かせるようになる前は、他の多くの村と同様に、委員は無給で自ら寄進してパヤーを維持・管理していた。委員には村外者も含まれていた。それが有名になると、村外の者は排斥され、村内の者だけが委員を占めるようになった。「村の権益」という新たな観念が生まれたのである。この一一人のうち委員長、事務総長など四人が月給九万チャットを受け取っている。大卒の初任給程度である。さらに事務および清掃各四名の職員が雇用されており、月給は八万チャットとなっている。このパヤー職員をはじめ、下記に述べる職種はすべて、一〇〇〇年と言われるこのパヤーの歴史の中で、ここ二〇年以内に発生したものである。

マンダレーから来た参拝者とともに、ガドーブェを前に置いて、経済的成功を祈る祈祷代理人。
2013年8月、筆者撮影

　ゴーバカアプェは礼拝者に対して「正しい祈り方」なるパンフレットを無料配布して、金銭、健康、地位、教育などそれぞれの目的に応じた祈願の方法をアドバイスしているが、成就を強く望む者は、前述のウー・バッチッのような「祈祷代理人（スータウンペードゥ）」を雇う。ゴーバカ委員の中の五人と元委員二人の計七人がこれを行う資格を持つ。彼らは礼拝者の願いをパヤーが聞き入れやすいように翻訳して一緒に祈る。その料金は「誠意（セーダナー）」によるもので定めはない。祈祷代理人全員に聞いたところ、一日の平均収入は一人当たり四万チャットであり、毎月一〇万チャットずつパヤーに寄進することが義務づけられているという。その中の一人コー・アウンニュンは、食べるにも事欠く境遇で他村からやってきたが、ゴーバカの事務総長に気に入られて祈祷代理人となり、娘たちを大学まで行かせることができた。また長老格で礼拝者からの人気が高い二人の祈祷代理人は、村で大金持ちの象徴とされる煉瓦とコンクリート造りの家を建てた。

　祈祷代理人を雇う者は必ず、そうでない者も何割かは、バナナとココナツと花で作ったガドーブェと呼ばれるお供え物をする。これの販売を始めたのがコー・ミョーという今年四九歳の男である。私が彼と初めて会ったのは一九九四年。農地は全くなく、パヤーの前で茅葺屋根の小さな店を出しており、ここで揚げ物、タバコ、ジュース、ロウソクなどを売って、一〇〇チャット（当時、一チャットは約一円）ほどの日銭を稼いで糊口を凌ぐ貧乏人であった。パヤーの近くにいてガドーブェの需要にいち早く気づき、その専門店に転じたのが、翌一九九五年。あの舗装道路工事の直後であった。パヤーの盛況とともに彼の店の売り上げも急成長し、今や月商四〇〇万チャット、純益一〇〇万チャットを稼ぎ出す。彼は村で四人しかいない自動車の所有者の一人であり、八つのバナナ園と青田買い契約を結ぶ大金持ちとなった。ガドーブェ店は現在一〇店あり、それぞれがゴーバカアプェと六年間の店子契約を結び、契約金六〇万チャット、月毎の賃料一万五〇〇〇チャットを支払う。一〇人の店主のうち、農地を保有する農民はわずかに二人で、あとは貧乏な農業労働者や大工からの転身組である。

今回は、ゴーバカアプェと職員、さらには祈祷代理人とそれに必要なガドーブェ販売業者と、パヤーに直接関係のある職種について述べたが、次回はその周辺の間接的に関係する職種について述べることにする。

〈農村見聞録⑬　二〇一四年三月二八日〉

3. 村にもたらされた仏の恵み（下）：恵みは未だ行き亘らず

村の小さなパヤーの大発展に関する三回連載の最後にあたり、今回は、仏殿に直接上がることはないが、それでもこのパヤーなしには生成も発展もなかった職種について言及することにしよう。

先述のガドーブェは日中のみ仏像の前に置かれ、夕刻にすべてが廃棄される。バナナ一房ヤシ一個で三〇〇〇チャットのガドーブェが五〇〇〇チャットで処分され、これを売れば七〇〇〇チャットとなる。チャウセー郡内のみならず、周辺の郡からも業者がトラックでこれを買いに来る。すなわち、ガドーブェの処分権を持つ者は、これをパヤーの傍で右から左に流すだけで、三〇％近くの粗利を手にできる。一七人の村人が、年間五万チャットの預託金を支払ってこの権利を得て、近隣の業者に卸している。ある祈祷代理人の妻はこの仕事で月に五〇万チャット稼ぐという。

ガドーブェの主要な材料であるバナナをガドーブェ店に納入するプェザーと呼ばれる仲買人が一〇人ほどいる。彼らは皆村外者で、バイクに青バナナを大量に積んで、契約した店に売りに来る。彼らの仕事は午前中で終わり、木陰で昼寝しているプェザーに聞いてみると、一日の利益は五〇〇〇チャットほどであるという。

ガドーブェよりはかなり見劣りするが、仏様に奉げる首飾りのような花輪を一本二〇〇チャットほどで売る六人の少女たちがバイクの駐輪場にたむろしている。年齢は一五歳から一八歳で、皆小学校中退である。農業労働者や左官などの土地なし層の娘たちで、早く稼がなければならなかったのが中退の理由だ、と彼女たちは言う。花輪の仕入れ値を引いた利益は、平日五〇〇〇チャット、土日や布薩日は八〇〇〇チャットとのことであり、父母の収入より高いようである。

仏殿の周りには、ガドーブェ店の他にも、多くの参拝客を相手に食堂二店、喫茶店五店、土産物店二店が軒を接して店を構える。これらの店もゴーバカアプェの所有で、それぞれが五年契約一括前払金三〇万チャット、賃料毎月五〇〇〇〇チャットを払い、一日平均一万五〇〇〇チャットを売上げ、その半分が利益となる。同様の宝くじ店も三店あり、大当たりをパヤーに祈る前後に購入するといった具合に、パヤーと一体となって売上げを伸ばしている。

シュエテインドーの仏殿の前に居並び、物乞いをする人々。2013年8月、筆者撮影

こうした大型店だけでなく、「農村見聞録⑦」で述べたように、屋台またはテーブルを出して、キンマや蟹の揚げ物や豚の煮物といった加工品、ウコン、タマネギ、グァバといった近郊村の産物、近くの工場で作られたシャツなどを売る店も参道沿いに並ぶ。店の数は日によって異なり、平日で二〇店、土日や布薩日は五〇店近くにもなる。これらの店の売り上げは五〇〇〇チャットから二万チャットと大きな幅があり、収益はだいたいその半分程度である。花輪を売る少女たちとこれらの屋台店主たちは、毎日三〇〇チャットをゴーバカアプェに支払

う。

以上の職種は多かれ少なかれ資金のいる商売であるが、小さな洗面器一つあればできる仕事もある。乞食である。ほとんどが未亡人とのことであり、すべて老齢の女性である。出身地はパコック（バガンの対岸の町）一〇人、マンダレー三人、チャウセー三人の計一六人とのことであり、村の者は一人もいない。平日二〇〇〇チャット、土日や布薩日には三〇〇〇チャットの収入があるという。銀行送金しているという物乞いもいたので、収入はもっとあるのかもしれない。

以上見てきたように、パヤーは村に新たな雇用機会を生み出し、それに乗じて所得を数倍、数十倍に伸ばす村民が続出している。しかし村の半数の世帯がこのパヤーの恩恵に与れていないのも半面の事実である。パヤーがもたらした経済効果は、大農を頂点、農業労働者を最下層とした旧来の階層構造をリシャッフルするほどの社会変化を引き起こしたが、また新たな経済格差を生み出し、ゴーバカ委員やその取り巻きたちへの妬み嫉みもひそかに渦巻いている。パヤーのごみ集積場でプラスチックごみをあさっている者たちが、長老や成金たちに反旗を翻す日が来ないとは言えないだろう。

〈農村見聞録⑭　二〇一四年四月四日〉

4. 門前町の繁栄と金融講

日本では鎌倉時代にはあったという頼母子講あるいは無尽講は、経済学では回転型貯蓄信用講(Rotating Savings and Credit Association, ROSCA）と呼ばれ、一定の期日に構成員が掛け金を出し、くじや入札で決めた当選者に一定の金額を給付し、全構成員に行き渡ると一旦解散するという、互助的金融組織を意味する。当節の農村開発やコミュニティ・スタディで注目されている分野の一つである。その理由は、制度金融が発展していない途上国で、この講が庶民の互助組織として、貧困削減や家内工業振興に役立つと考えられているからである。

パヤーの周辺に並ぶガドーブェ店。恰幅のよい麦わら帽子の男性やカメラの方を向いている女性は店主たちで、マ・トゥー・スチェーのメンバーである。2013年8月、筆者撮影

　昨今のミャンマーでも、国連開発計画（ＵＮＤＰ）や様々なＮＧＯの活動によってこうしたタイプの金融講が急増している。しかし外部からの働き掛けによらない自生的な金融講は、町の市場商人やサイッカー（自転車タクシー）業者間で時たま見かける程度で、少なくとも私の経験では、農村部で実見することはなかった。ところが、それが農村で発生する過程をたまたま見聞することがで

きた。今回の事例もあのティンダウンジー村である。

ミャンマー語でROSCAは、ス（集める）・チェーグェー（金銭）・アプェ（組・講）という。村で最初にこれができたのは二〇〇九年で、その組織者は当時二七歳のマ・トゥー（「マ」は相対的に若い女性につける敬称）という名の若妻だった。彼女に因んで、この講はマ・トゥー・スチェーと呼ばれる。メンバーは一六人で、全員がガドーブェ店や食堂の経営者であり、農民や農業労働者は一人もいない。毎日一万チャット（一チャットは約〇・一円）の掛け金を支払わなければならないので、日銭の入らない農民やそもそも一日三〇〇〇チャットほどしか稼げない農業労働者は加入したくても入れない。つまりこのスチェーはパヤー周辺の門前町の繁栄がなければそもそも発生しなかったのである。その意味ではこれもパヤーの恵みといえるかもしれない。

マ・トゥーは二五歳でティンダウンジー村の左官と結婚して村にやってきた。その前はチャウセーの町の市場の片隅で、小さな屋台で揚げ物を売っていた。この時に市場の商人たちが行っていたスチェーのノウハウを学んだのだという。彼女は毎日夕方になるとメンバーの店を一軒一軒バイクで回ってその日の掛け金を集める。そして一〇日に一度、籤引きによってあらかじめ決められていた順番に従って、一人が一六〇万チャット（一万チャット×一六人×一〇日）出金する。利子はないが、構成員は籤運に恵まれて早めにまとまった金が貰えることを期待してこれに参加する。一六人全員が出金し終えたらもう一度メンバーを募って、籤引きをして、また新しい回転が始まる。ただしマ・トゥーは籤を引かない。スチェーの組織者である彼女は、必ず最初に一六〇万チャット受け取るという特権を持っているからである。そしてそれこそが、彼女が金融講を組織して毎夕掛け金の督促に行くインセンティヴとなる。彼女の本業は高利貸で、一番籤で引き出した一六〇万チャットがその元手となる。その利子は借り手によって異なるが、一〇日間で一〇から一五％という高利である。つまり高利貸の資金稼ぎの場としてスチェーが使われている。チャウセーの街中には掛け金一日五〇〇〇から一〇万チャットに至る種々のスチェーがあるが、管見の限りでは、すべて金貸しによって組織されている。

マ・トゥーは毎日掛け金を集めるだけでなく、掛け金の盗難や紛失、メンバーの中途脱退など、様々なリスクに関するすべての責任を一身に負う。すなわち構成員同士の信頼関係は一切不必要であり、この金融講の成立と存続は、メンバー一人一人がマ・トゥーを信用するかどうかのみにかかっている。極端な話、構成員が互いに顔を知っている必要さえない。事実、この村にはチャウセーの町のスチェーに加入している者もいるが、組織者以外のメンバーの名前さえ知らないという。

金貸しが金持ちだけを対象に組織し、構成員はお互いの顔さえ知らず、貧乏人はこの金を元手にした高利貸に苦しむ、というようなスチェーがはたして互助組織と言えるのだろうか。貧困削減に役立つのだろうか。ミャンマー農村の事例から、回転型貯蓄信用講の別の側面が見えてくる。

〈農村見聞録⑮　二〇一四年五月九日〉

5．村人が自費で日本にやってきた

二〇一四年一〇月、私が一九八六年から調査を続けている、ヤンゴンの北東にあるフレグー郡ズィーピンウェー村落区の村落区行政長（以下村長）と同村内の仏教僧院の院長が日本にやってきた。旅費も滞在費も自前の観光旅行である。日本でオーバーステイして働いて稼ぐつもりでミャンマーからやってくる村人は今までもいたが、たった二週間の観光で、しかもミャンマーで稼いだ自分の金で日本にやってくる村人が出てくるなど、数年前までは予想だにしなかった出来事である。特にこの村は私が調査してきたミャンマーの村々の中では比較的貧しい村である。そのような村でなぜこのような「お金持ち」が出てきたのであろうか。

村長のウィンフライン氏は当年四二歳。軍政期の二〇一〇年に村長に指名され、半世紀ぶりに行われた二〇一二年の選挙でも村民の支持を得て当選した。かねてより、カラー氏（ウー・カラー）のような裕福な農民が村長をするのが、この村の慣例であった［農村見聞録④、⑤］。ところが、ウィンフライン氏は農地を持たない農業労働者の息子で、裕福になった今でこそ農地を購入して小作に出しているが、農業に従事した経験のない初めての村長である。彼は一九九二年に技術高校を卒業して公務員となり、九八年まで村の近くにある国営精米所でバーボイル米製造技術者として働き、二〇〇一年に大手インスタントラーメン会社に転職した。月給は九五〇〇チャット（当時の市場レートで約二五〇〇円）であったという。二〇〇七年に退職し、同社にラーメンを茹でる燃料となる籾殻を納入する仕事を始めたのが転機となった。公務員時代の精米所および再就職先のラーメン会社社長との強力なコネを生かし、両者の間に立って、それまでタダ同然で廃棄されていた籾殻という安価な燃料を金のなる木に変えたのである。

現在は、村人八人を日給五〇〇〇（約五八〇円）チャットで荷役として雇い、自己所有のトラック三台にそれぞれ日給一万チャットの運転手を付けて、籾殻の集荷と運搬作業をさせている。村の農業雇用労賃は一日二五〇〇チャットなので破格の待遇といえる。そして彼自身の日収は約八万チャットもある。ＳＵＶ（スポーツ用多目的車）を乗り回す、村でただ一人の自動車所有者で、最近大きなコンクリート造りの家も建てた。彼が村長に選ばれたことは、農業でしか発展の可能性がなかった村に、そうではない成功の道があることを示唆する、新たな時代の到来を予感させる。

村長と一緒に日本に来た兄のコーウィーダ師は、村の西僧院の院長である。元々この村には東と西の二つの僧院しかなかったが、二一世紀に入って、村周辺の水田の中に次々と三つも新しい僧院ができ、村内だけでなく周辺の町村やヤンゴンで檀徒の争奪戦を繰り広げている。東僧院は

西僧院に寄宿するパオ民族の少年たち。この建物は取り壊されて、現在新しい本堂が建設中である。2012年12月、筆者撮影

癌治療で有名で、遠くモン州からやってくる患者もいる。また新たな僧院も、説教がうまい、森の中で悟りを開いた、難しい国家試験に合格した、といった触れ込みで仏徒を集めていて、そのような取柄のない西僧院は劣勢に立たされていた。

父親が僧侶ならば息子が寺も檀家も引き継ぐ、という日本のような制度は、そもそも僧に結婚が許されないミャンマーではありえない。僧院長は自分に徳があることを信徒に示さなければ、十分な布施が集められず、僧院経営が行き詰ってしまう。そこでコーウィーダ師が考え出したのが、貧しいパオ民族の少年たちをシャン州の山奥から呼んできて僧院に寄宿させ、まずはビルマ（ミャンマー）語や上座部仏教の教理を教え、さらには算数や歴史など通常の教育を施し、優秀な者はヤンゴンの大学まで行かせてあげる、という少数民族教育であった。すぐに実績が認められ、日本の草の根・人間の安全保障無償資金協力を得て、僧院の敷地内に立派な校舎が建ち、師はフレグー郡の教育界の重鎮となった。金持ちの弟の援助があったことは言うまでもない。

お付きのパオ人の若者を伴って、三人で日本にやってきた村長と僧院長兄弟は、僧院の檀徒で国連大学職員のミャンマー人の案内で浅草と鎌倉に参拝し、新幹線で名古屋に行った。僧院に寄宿しながらダゴン大学を出て、今は名古屋で働いているパオ人の学生のアパートで過ごし、帰国前には私の家に泊まって、予定通り帰っていった。

お付きのパオ人の若者は、来春（二〇一五年春）には再来日して働き始めるという。世話をしてあげたパオの青少年が日本やベトナムに行って稼いで、僧院に多額の寄進をする、というパターンができつつある。現在取り壊し中の僧院の後には、立派な本堂ができることであろう。

〈農村見聞録㉒　二〇一四年一二月一九日〉

6．仏教徒が豚を飼育すること

私がミャンマー（当時はビルマ）の勉強を始めたころ、日本人からもビルマ人からも、いろいろな著作からも、ビルマ人仏教徒は豚を飼わない、と教えられた。自ら殺すだけでなく、畜殺されることがわかっていて飼育することも、不殺生戒に反し、悪徳を積むことになるからだという。ところが、一九八六年にビルマの農村を初めて訪れた時、豚を飼育する多数のビルマ人仏教徒に出会った。ビルマ式社会主義体制の末期、低籾価供出制度がエスカレートし、米作だけでは生計の維持が困難になった村人たちの苦肉の選択であった［髙橋一九九二年：一五六］。

では、ビルマ人と同様、あるいはそれ以上に敬虔な上座部仏教徒として知られているパラウンの人々の場合はどうであろうか。シャン州北部の貧困削減策の一つとして養豚振興を考えている、国際協力機構（ＪＩＣＡ）のプロジェクトに参加して、二〇一五年初頭、パラウンの村々を回りながら考えてみた。

まず会ったのは、パラウン自治区議長のマウンチョー氏である。彼によると、養豚は不殺生戒に抵

パラウンの民族衣装を日常着とする少女たち。後ろには村を歩き回る豚が見える。2015年2月、コーカン自治区シャーマンロー村にて、筆者撮影

触するので、他の方法でパラウン民族の貧困削減と経済発展を図りたい、とのこと。原則論である。

続いて訪れたナムサン郡のマンパン村とゼーバンカウッ村には、豚を飼育する者はいなかった。これも仏教によるものだと思いきや、どうもそうではないようであった。村人たちに詳しく経緯を聞いてみると、反政府ゲリラの指導者たちからの命令であるという。マウンチョー議長も元々は反政府ゲリラであった。彼らは、敬虔な仏教徒としての自らの正当性を示す手段として、豚飼いの禁止を命じたのではないだろうか。

その傍証として、右記二村と谷を隔てて対面し、同じ村落区内に属する、パヤージー村とゼーダホウン村にはそのようなタブーがないことが挙げられる。この二村の人々は、ゲリラ指導者のそのような命令など聞いたことがない、と言っていた。村を隔てる深い谷が、このような支配の相違をもたらしたものと思われる。パヤージー村では、ＪＩＣＡから養豚の指導を受け、子豚を供与されてこれを肥育する人々が出てきた。隣接するゼーダホウン村ではすでに二世帯が豚を飼っており、ＪＩＣＡのプロジェクトに参加したいと村落区行政長（村長）自らが語っていた。彼らももちろん敬虔な仏教徒

であるが、村長は、仏教は豚飼いを禁じていない、と断言した。彼は茶葉の仲買で財を成した村有数の金持で、村の発展のために先進的な方法を積極的に導入しようとしていた。

続いて、中国との国境地域にあるコーカン自治区の村々で調査を行った。この地域の住民の八五％は漢人と同じコーカン人であるが、町を出て農村部に入ると、民族衣装をまとったパラウンの人々にもよく出会う。中国語では徳昂族というが、自称はタアンであり、ナムサンのパラウンと同じである。コーカンのパラウンの村々にも上座部仏教の僧院があり、他の地域と同じ袈裟を纏った僧侶が暮らしている。

この地のパラウンの村に入ると、あちこちを豚が歩き回っており、注意深く歩かないとすぐに排泄物を踏んでしまう。家に上げてもらうと、天井から豚の肉や内臓がぶら下がっている。彼らが自らの手で潰し、解体したとのことである。殺されるのがわかっていて飼うという婉曲法ではなく、直接殺生に手を染めているわけである。さらに、コンジャンという小さな町の宿屋の前で、パラウン人の屠畜業者にあった。彼は私たちの目の前で牛を解体し、夕食を餉ってくれた。パラウン人たちは多数派のコーカン人達に社会経済的に抑圧されており、ほとんど教育も受けられず、劣等地で細々と農業をせざるを得ない、極貧の状況にあり、豚を飼い、殺すことによってようやく生計を維持している。ここでも経済が宗教に優先している。

話をビルマ人仏教徒に戻そう。一九八〇年後半から九〇年代前半のころ、私が農村で寝起きを共にした村人たちは、もう少しスィーブワイェー（経済）のことを考えてみたら、と私がいくら言っても、現世の富裕など取るに足らないことだ、仏教の教えこそが第一だと反論していた。だが、今ではお金儲けの話を頻繁にするようになった。豚を飼う飼わないの問題にとどまらず、信仰の形態は民族運動や経済発展とともに変化するように思われる。

〈農村見聞録㉗ 二〇一五年七月三日〉

第6章　農産品からみる社会経済変容

1. パテインの精米所調査から

第二次世界大戦前、そして戦後も一九六三年まで、ミャンマーは世界一のコメ輸出国であった。それが社会主義期（一九六二〜一九八八年）に急減、軍政期（一九八八〜二〇一一年）にも停滞し、一時はほとんど皆無という年もあった。ところが二〇一二年以降急速に回復し、二〇一二〜一三年度には一五〇万トンに迫り、今年度は三〇〇万トンという見通しもある。それに伴い精米所も活況を呈している。私は、エーヤーワディ・デルタ最大のコメどころであり、また戦前はヤンゴンに次ぐコメの輸出港であったパテインで、二〇一二年から一三年にかけて精米所の経済調査を行った。オートバイを借りて、精米所の看板を見つけると飛び込んでインタビューする、というとんでもない調査であったが、こんなにミャンマー語が喋れる外国人、しかも教授と話せるのは光栄だ、ということで皆さん気軽に調査に応じてくださった。今回はその成果の一端を紹介することにしよう。

役所の統計によると一日当たり精米量一五トン以上のいわゆる「大型」の精米所はパテイン郡に四七あると記載されているが、精米業者組合によると実際に稼働しているのは三七で、私が調査した精米所数は三五であった。オーナーの民族アイデンティティを聞いてみると、中国人八、ビルマ人（民族）七、中国人とビルマ人の混血一八、その他二という構成であった。学歴は二四人が大卒である。ビルマ人が七割を占めるミャンマーの民族構成や約一割という大学進学率を考慮すると、パテインの精米所は大卒の中国系のオーナーが非常に多いということができる。

精米所の設立年次は、一九六〇年以前が一〇、社会主義期の一九六二年から八八年まではゼロ、その後一九九九年までの間が七、二〇〇〇年以降が一八であった。社会主義期に民間の精米所はすべて国有化されたため、その間の設立がゼロというのはわかるが、なぜそれ以前の精米所が生き残ったのだろうか。この時期の国有化とは、所有者は個人のままで、国家が集荷した籾のみを公定価格で搗き、またすべての部品の交換や機械の修理は国家機関の許可を得るという「事実上の」国有化であり、社会主義が終わると個人の経営に戻ったのである。一九八八年以降民間の籾米取扱いが可能になると、新たな精米所ができ始め、二〇〇四年に国家による籾米徴発制度、私営精米所から見ると、この籾を公定手数料で委託加工しなければならない制度が撤廃されて、さらに精米所の設立が加速した。古い精米所は相続による取得が多いが、新しいものは主にコメ商人が創業している。籾価や米価は市場で決まるため、籾を買って精米を売る精米所にも商才が求められるようになった。古い精米所のオーナーには政府米の賃搗精時代を懐かしむ者もいるほどである。

精米所に籾を運び入れる労働者たち。2012年12月、パテインにて、筆者撮影

　一九六〇年以前からある精米所は、現在でも蒸気機関を動力としている。精米過程で出る籾殻を燃やして蒸気を発生させるので、燃料費がほとんどかからない。ただしすぐに稼働させる

ことができず、一度回り始めるとすぐには止めることができないので、融通が利かない。また炭化した籾殻による塵肺の害もある。一九九〇年代に造られた精米所は、蒸気ボイラーの入手が難しいこともあって、電気を動力としている。これはスイッチ一つで操縦できるし、環境問題もない。ところが、電気料金は上がる一方で、停電がやたらと多い。そこで登場してきたのがガスィファイアー（バイオマスガス化燃焼装置）である。籾殻を部分燃焼させて一酸化炭素や水素を含むガスを発生させ、これが燃焼する過程で出る熱をエネルギーとする。二一世紀に造られた精米所のほとんどがこれを採用している。

精米所の規模は、一日当たり精米量一五トンの精米所が一五、二〇トンが一〇、四五トンが八、五〇トンが二と、社会主義期の国営精米所の一〇〇トンや二〇〇トン三〇〇トンが普通になっている他のアジア諸国と比べると小さい。この要因は、資本不足や電力不足ではなく、コメの品種が多すぎることにある。一九七八年に日本の援助で高収量品種米の本格的導入が始まって以来、ミャンマーではコメの種類が爆発的に増加している。これらのコメは、微妙に長さや硬さが異なるので、混ぜて精米すると破砕米比率が増加する。つまり同品質の籾が大量に集められないという現在のミャンマーの状況においては、品質の異なる少量の籾を機動的に精米できる小規模精米所の方が効率がよいのである。長きにわたってコメの増産にばかり力点を置いてきたミャンマーは、輸出促進という新たな目標を前にして、コメの均質化という新たな課題に直面していると言えよう。

〈農村見聞録⑥　二〇一三年九月二〇日〉

2. よい種子から始まるよいコメ作り

二〇一三年一一月、三週間ほどミャンマーに滞在して、パテイン、ラプタ、ミャウンミャ、ヒンタダと、エーヤーワディ・デルタの米作地を訪ね歩いた。二〇一一年八月から五年計画で行われている国際協力機構（JICA）の「農民参加による優良種子増殖普及システム確立計画プロジェクト」の短期専門家として、種子販売促進のための提言を行うことが目的であった。今回はこの仕事で見聞した「ミャンマー稲種子事情」を概観してみることにしよう。

ミャンマーの稲田に降りたことがある者ならば、稈長《かんちょう》や穂長が一様でないことにすぐに気付く。異なる種子が入り混じっているからである。品種によって登熟期も異なるため、一斉に収穫を行うと、未熟籾や過熟籾が混淆する。これを籾摺・精米すると、粒径が異なるうえに熟度も異なるため、破砕米が多く発生して、精米歩留まり率が落ちる。この結果、丸米だけを販売しようとすると価格が上がってしまうので、破砕米も混合して売ることが多くなり、ミャンマー米の品質評価は下がることになる。

農家が自家採取を繰り返すためにこのようなことが起こるのであるが、根はもっと深いところにある。JICAの専門家の話によると、農業灌漑省農業研究局（DAR）が原々種種子（Breeder's

脱穀後、籾は圃場で計量、袋詰めされて、ボートで精米所に運ばれる。2013年3月、パテイン県ターバウン村にて、筆者撮影

Seed, BS）を作る段階からこのような問題があるというのである。ミャンマーの種子フローはBS→FS（Foundation Seed, 原種種子）→RS（Registered Seed, 登録種子）→CS（Certified Seed, 保証種子）の四段階で、RSまでは政府機関が生産し、CSは契約農家が作って、一般農家に販売するという流れになっているが、その大元すなわちBS、FS段階で種子が純粋ではなかったのである。JICAプロジェクトは育種や栽培技術の専門家を派遣して、RSまでのフローを純化することに成功しつつある。ちなみに対象種子はすべて自家採種可能な種子であり、F1のような一代雑種は入っていない。このように、少ない予算で、ミャンマーの主食であり貿易財でもあるコメの生産性を高め、さらに商品価値も上げて、農民から始まって精米所や貿易商までも裨益する可能性のある本プロジェクトは、ミャンマー国民に大きな利益をもたらすことになるであろう。

　ところがここにきて大きな問題に直面している。契約農民がRSを作付けして生産したCSがあまり売れないのである。種籾として使われるCSは生産量の約半分で、残りの半分は飯米用に精米されてしまうという状況にある。これでは、近い将来ミャンマーのすべての農民が優良種子を使い、ミャンマー米の品質が飛躍的に向上する、という計画は絵に描いた餅になってしまう。

その理由は、CSを使って生産した優良籾を商人や精米所が必ずしも高く買い上げない、というところにある。ミャンマーは一九六二年に始まった社会主義政権から軍政期の二〇〇三年に至るまで籾米供出制度を敷き、農民から安価に籾を徴発していた。重要なのは供出量を満たすことであり、農民がどんなにクォリティーの高いコメを作っても評価されることはなかった。こうした制度が長く続いたため、籾米取引が自由化されても、コメの品質を評価する普遍的な制度がないのである。商人や精米所の言い分は、優良籾に高価格をつけても、精米がその分高く売れるわけではないので儲からない、というものである。

だが、一部のコメ専業会社や精米所は、RSを供給して農民に作ってもらい、できたCSは全量買い上げて、これをすべて契約栽培で生産し、その籾米も全量買い上げる、というシステムを導入している。そのコメはヤンゴンの高級米市場や輸出市場に出ていく。この方法が広く行き渡るためには、国家レベルの評価制度や優良種籾買い上げ制度の導入とともに、精米業者や生産者組合による普及活動やコメのブランド化などが必要であろう。このように種子フローを生産物のフローまで拡大することによってのみ、このプロジェクトは成功を収めることができる。先は長いかもしれないが、その効用は大きい。

〈農村見聞録⑩　二〇一四年一月三日〉

3. ミャンマーの米価の決まり方

これまでコメの種［農村見聞録⑩］と精米所［農村見聞録⑥］について話してきた。今回はその先にある市場の話をすることにしよう。総作付面積の四割を占める、ミャンマーの最重要作物であり、人々の主食でもあるコメの価格がどのように決められるのかを見ていく。

ヤンゴン大学の西側を走る大通り、ピー・ロードをダウンタウンに向かって真っすぐ行くと、ストランド（カンナー）・ロードにぶつかり、そこで行き止まりになったかのように見えるが、コンクリート壁の切れ目を抜けて、さらに直進して私営の有料道路を横切ると、ヤンゴン港の敷地に入ることができる。ヤンゴン川を前に見て右に曲がると、ミャンマー農業ビジネス社（ＭＡＰＣＯ）の建物が見え、その向かい側に通称サン・コウンシー・ダインと呼ばれる市場がある。英語名は"Rice and Paddy Wholesale Depot"というが、籾は扱っておらず、単なる「集荷場」でもないので、「米（精米）卸売市場」と言ってよい。

この市場は軍政期にコメの国内取引が一部自由化されて間もない一九九二年に開設された。その後、ヤンゴンの西にあるバインナウンやマンダレー、パコック、モンユワーなどの地方の中心都市にも作られている。ヤンゴン川に面したこの市場には、エーヤーワディ・デルタに網の目のように張り巡らされた河川や運河を通って、パテインやミャウンミャといった名だたる産地からコメが集まってくる。

二〇一三年一月から一二月までの取扱量は約一四〇〇万エイッ（エイッはミャンマー語で「袋」を意味し、一エイッは精米五一キログラム）であった。ミャンマーの総生産量は年間四億エイッほどであるので、この取扱量はそのわずか三％ほどにすぎないが、この市場での価格が参照価格となり、全国に波及していくという。

この卸売市場に入るにはメンバーカードが必要であり、年間六万チャット（約六〇〇〇円）の会費を支払えば、誰でもメンバーになることができる。一日券もあり、こちらは五〇〇チャットである。現在約二三〇〇人の年会員がおり、そのうち五割がブローカー、三割が商人、二割が精米所主とのことであった。ブローカーは、産地とこの市場を仲介する者とこの市場と小売商の中に入る者に分けられ、商人も現地でコメを購入してここで売る者とこの市場で購入して小売する者に分けることができる。日本の生鮮食品市場のような競りは一切行われず、すべて相対取引である。

ヤンゴン港内の精米卸売市場。場内のあちらこちらで相対交渉が行われている。中央に見える金属製の容器は、米飯の入った鍋。2014年1月、筆者撮影

精米を売りたい者は産地別に分けられたテーブルの上にビニールの小袋に入れたサンプルを並べて、その上に納入可能なエイッ数を書いて客を待つ。買いたい者は会

場を歩き回って各々の販売者と個別交渉して、価格と購入量を決めていく。その際、生米だけで判断するのではなく、米飯を味見して、値付けの根拠とする。そのためのサンプル飯を炊く施設も市場内にある。買い手が最も重視するのは味であり、破砕米混入率やコメの色がそれに続く。広い市場のあちこちで一〇〇〇人近くのブローカーや商人たちが、相手を次々に変えて価格交渉を行うので、自然と競りで値決めを行うのと同じようなところに価格は落ち着いていく。

ちなみにミャンマーでは新米より古米の方が高価格で、この市場で調査したかぎりでは、両者の間に一エイッあたり三〇〇〇から五〇〇〇チャットの価格差があった。古米の方が炊いた時の増量分が多く（オーテッテー、とミャンマー語では言う）、腹にもたれないのだという。ただし、古米といっても一年が限度であり、それ以上時が経つともう食料とはみなされない。

この市場の人々に前回［農村見聞録⑩］述べた種籾純化の話をしてみたが、誰一人として知らないと言う。またそれがコメ市場にどのような影響をもたらすかもわからないとのことであった。生産現場と卸売市場との距離はまだまだ遠い。時間の経過とともに近くなる可能性はあるが、そのスピードを加速させるには適切な政策的誘導や新たなる流通の組織者が必要であろう。

〈農村見聞録⑪　二〇一四年二月一四日〉

4. 西瓜ブームと土地騰貴

古都マンダレーの南にあるチャウセー県は、かつて軍政トップだったタンシュエ元国家平和開発評議会（SPDC）議長の生まれ故郷である。その縁で、彼の生家のあるチャウセー郡には特に中国資本の工場が目立つ。チャウピューから中国に石油とガスを運ぶパイプライン関係の大きな基地もここにある。また農業分野でも雲南から中国人がしばしば訪れ、野菜や果物を買い付けたり、自ら作付けたりしている。二〇一四年夏、チャウセー県が主産地となっている中国向けの西瓜栽培で財を成したマウンジー氏（仮名）に、チャウセー町で出会った。

彼は、この町で生まれた当年四五歳のビルマ人（民族）である。彼に会ったのは、町を貫く国道一号線沿いに建つ五階建てのビルの一階であった。このビルは彼の所有で、一階には中国産の肥料が山積みされている。ひっきりなしに農民が出入りしており、肥料商としても繁盛していることが窺える。

彼は県内各所に計二〇〇〇エーカー（約八〇〇ヘクタール）の農地を借りて西瓜を作っている。彼自身も三〇〇エーカーの農地を持つ。この辺りの農家一世帯当たりの保有農地は平均五～六エーカーであるから、彼は群を抜く大農である。一五年ほど前に西瓜を作り始め、当初は中国人と一緒に作っていたが、今は時々技術指導を受けるだけである。八月二〇日前後に種を播き、一〇日後に移植して、その後三か月ほどで収穫となる。農地を借りるのはこの期間を含めて、八月から一二月までの五か月間ほどで、残りの七か月間は農地の持ち主が耕作を行う。この五か月間だけの地代がエーカーあたり

チャウセー郡内の村で見かけた、中国からのF1ハイブリッド種子で作られた西瓜。ラグビーボールのような形をしており、日本の西瓜よりかなり大きい。2014年8月、チャウセー郡にて、筆者撮影

二〇から二五万チャット、仮に貸し出さないで稲を作付けたとしたら純収入は一〇万チャットほどであるので、持ち主としても悪い話ではない。西瓜栽培に向いているのは砂地なので保水力が弱く、元々稲作には向かない土地でもある。

種子はすべて中国産のF1ハイブリッド種で、エーカーあたり五万チャット分ほど必要である。他に日当二〇〇〇（一チャットは約〇・一円）から二五〇〇チャットで雇う労賃コストが七〇万チャット、肥料代が二五万チャット等、エーカーあたり生産費はおよそ二〇〇万チャットである。四五万から五〇万チャットの稲作の四倍ほど掛かることになる。収穫した西瓜はすべて中国に輸出する。昨年度はエーカーあたり一七トン穫れ、キロあたり平均七五〇チャットで売れた。一エーカーで一二七五万チャットの粗収益である。これから地代と生産費を除いても、一〇五〇万チャットほどの純収益となる。稲作とは比べ物にならず、仮にマメ類やトマトを作っても、この収入の足元にも及ばないであろう。これが二〇〇〇エーカーもあるのだから、マウンジー氏は途轍もない大金持ちであり、周辺の農民や土地なし層を労働者として大量に雇用しているので、地元の人々

の収入も向上させていることになる。これもすべて中国がもたらした有効需要のおかげである。と、ここまでならすべてがハッピーエンドであるが、どうもそういうわけにはいかない。彼が雲南あたりに住む中国人のために農地を買い漁っていると指弾する人たちがいるのである。他にも、最近チャウセー町で最も大きな精米所を立てたゾーティン氏や建設業者のナインリン氏（両人とも仮名）やマンダレーの商人たちが、中国人の命を受けて農地買収を進めているとの噂がある。チャウセー郡の農地の三分の一が中国人の手に渡った、と言う現地の土地仲介業者もいる。しかし、彼らと中国人たち、および彼らと売主の間には、何人も名義貸しをしている者たちがいて、実態を掴むのは不可能であり、またいかなる証拠もない。ロケットのように高騰し、農業をするための地価ではもはやなくなってしまった農地価格から、庶民はその灰色の後景を取沙汰することだけしかできないのである。

〈農村見聞録⑳　二〇一四年一〇月一〇日〉

5. 春雨工場の近傍に酪農家あり

古都マンダレーから西に直線距離で一〇〇キロ、幹線道路で一三〇キロほどのところにモンユワ（Monywa）という町がある。チンドウィン川流域の農林産物の集積地として古くから栄えてきた。二〇〇八年一月にこの町の南にある村の社会経済調査をして以来、八年ぶりに同地を訪問した。その間、モンユワ周辺には工場地区、養鶏地区、養豚地区などが次々と設けられ、遠方のヤンゴン管区域やエーヤーワディ管区域からも入植者が来ている。二〇一六年三月、こうした新産業地区を訪ねてみた。

モンユワ周辺のここ一〇年の年間平均降水量は七七四ミリで、東京の半分程度である。そのためコメを作る水田は少なく、畑作地帯が広がっている。畑で作られる主な作物は、ワージーと呼ばれる短繊維のワタやヤシ糖の原料となるパルミラヤシの他、ヒヨコマメ、ライマメ、リョクトウ、レンズマメ、ササゲ、そして近年急増してきたキマメ等のマメ類である。この豊富なマメ類の生産を背景に、モンユワでは古くから多くの春雨工場が操業してきた。

コメから作るビーフンもマメから作る春雨も、ミャンマーではどちらもチャーザンと呼ばれ、蕎麦やラーメンのように、どんぶりで汁と一緒に食べられている。マメから作る春雨の場合、まず数種類のマメを決められた割合で混合して水に浸し、これを挽いてから一晩発酵させる。そして翌朝これを機械と手で捏ね、細い穴に通して麺状にし、これを乾燥させれば春雨ができあがる。ところが、この発酵過程で強い臭いが発生する。そのため街中の春雨工場は次第に郊外へと追いやられ、モンユワでは「チャーザン・ゾーン（春雨地区）」と呼ばれる工場団地が形成されてきた。

この春雨製造工程でマメの粉や搾りかすを浸けた廃液などの「副産物」が排出される。元々は悪臭とともに捨てられていたこの排出物は、非常に栄養価に富んでおり、今や牛や豚を飼育する周辺の農家が競ってこれを買いに来る。

この春雨工場団地に近接するように「ノワー・ゾーン（牛地区）」と呼ばれる乳牛飼養家の団地が

できたのが二〇〇九年のことである。六〇×八〇フィート（一フィートは約〇・三メートル）を一区画として、一二〇万チャット（当時の為替レートで約九万五〇〇〇円）で売り出され、一〇〇世帯ほどが家族単位で入植してきて酪農を始めた。

ミャンマーの人たちには元来牛乳を飲む習慣がなく、コンデンスミルクやバターを少量消費するのみであった。そのため一頭当たりの年間乳量が二八〇〇キログラムほどしかない、二、三頭のビルマ牛の乳を搾って販売する世帯が村の中にぽつぽつとあるだけだった。それが一九九〇年代以降、牛乳の需要が増え、乳製品の国内生産化や外国人の増加によって、乳用牛が登場し、その多頭飼育が行われ始めた。この場合の乳牛とはフリーシアン（ホルスタイン）とビルマ牛の交雑種で、日本の年産八〇〇〇キログラムには及ばないものの、五五〇〇から六〇〇〇キログラムと乳量がビルマ牛の倍にもなる。モンユワの牛団地では、この乳牛を一世帯当たり三〇頭から五〇頭飼育している。

モンユワの「牛団地」で、春雨工場から出た「廃液」を乳牛に与える酪農家の婦人。2016年3月、筆者撮影

牛の排泄物も悪臭を発するため、郊外で肥育せざるをえず、そこで春雨工場と隣同士になることによって、安価で栄養価の高い飼料を手に入れることができるようになった。

乾燥地帯にあるため、水田から取れる藁やあぜ道の雑草が不足しているこの地域で、牛を多頭飼育することは非常に難しいことであった。それが春雨工場の排出物によって可能になり、これによって飼育される牛の排泄物は畑に入れられて、マメが育てられ、それが春雨の原料となる、という見事な循環が生まれた。

ところがここに問題が生じてきている。牛団地から産出されるすべての生乳を買い取れる工場は一つしかない。つまり生乳市場は買手独占状態であり、買手が一方的に価格をつけることができる。現在の生乳買い取り価格は一ペイッター（約一・六三三キログラム）あたり六〇〇チャット（一キログラムあたり約三三円）であるが、酪農家の話によると、八〇〇チャットでないと赤字になるという。乳牛頭数の増加に伴い、元々はただ同然であった春雨工場の「排出物」価格が急騰しているのがその要因である。最近は飼養頭数を減らしたり、酪農をやめてしまったりする世帯も出始めている。日本よりもはるかに自由な生乳市場の調整弁の役割は、春雨工場でも牛乳工場でも畑作農家でもなく、勃興して間もない酪農家が一手に担っているようにみえる。このような状態が続くならば、ノワー・ゾーンは疲弊し、マメと春雨と牛をめぐる見事なサイクルも消滅してしまうかもしれない。

〈農村見聞録㊱　二〇一六年四月一五日〉

6. 葉巻の町とタバコの村（上）

仏教遺跡で有名な景勝地バガンからエーヤーワディ川を六〇キロほど上ったところにミンジャンという町がある。ミャンマー各所でこの町に言及すると、あのセーボーレイッ（葉巻）とセーユェッジー（葉タバコ）の町だね、という返事が返ってくる。この町を中心とするミンジャン県ミンジャン郡も、バガンやマグエーやモンユワと同様に乾燥した中央平原の中にある。二〇一七年八月、町中にある葉巻製造所とその周りの村々の社会経済調査を行った。

このセーボーレイッ、実は私たちの知っている葉巻でも紙巻き煙草でもない、ミャンマー特有のものである。セーはタバコ、ボー（ポー）は軽い、レイッは巻く、を意味する。直訳すると「軽い巻き煙草」になる。セーには薬の意味もあるので、昔はそう考えられていたのだろう。セービンレイッ（重い巻き煙草）と呼ばれる、私たちも知っているいわゆる葉巻は、タバコの葉を刻まずにそのまま巻くが、セーボーレイッは葉を刻んで巻く。だが刻んだタバコの葉を紙で巻く紙巻き煙草とは異なり、タナペッと呼ばれる木の葉で巻く。その意味ではセーボーレイッもまた「葉巻」と言えるだろう。

セーユェッジー（葉タバコ）はミンジャン郡の村々で栽培されるが、タナペッは遠く離れたシャン州南部の山間地で少数民族パオ人（民族）の手によって作られる。二〇〇〇年にこの地をトレッキングして、パオの村に滞在したことがある。囲炉裏のある板張りの居間の向こう側の土間には、大きな長いかまどがあって、その上には丸い鉄板が八枚ずつ二列に並べられていた。タナペッの木から摘

周辺の村々で巻かれ、納入されてきた葉巻の品質をチェックし、束ねて、パッキングする労働者たち。彼女たちの多くも周辺の村から働きに来ている。2017年8月、ミンジャン郡ミンジャン町にて、筆者撮影

み取った葉をこの鉄板に並べ、下から薪を燃やして加熱し、ペラペラになるまで乾燥する。このようにしてパオの村々で加工されたタナペッは、シャン州南部の中心都市であるタンウジーに集められ、竹籠に詰められて、三〇〇キロの道のりを経て、ミンジャンの町にやってくる。山地のタナペッと平原の葉タバコ、少数民族パオ人と基幹民族ビルマ（ミャンマー）人の会合によって、セーボーレイッは生まれるのである。

　葉巻製造所はセーレイッコウン（コウンは低い椅子や机を意味する）と呼ばれ、セッヨウン（工場）という単語が入らない。葉タバコの粉砕過程で小さな機械を用いる程度で、バナナ、パイナップル、タマリンドなどを発酵させた酢で、この粉砕された葉タバコに香付けする作業、その後のロースト加工、タバコ以外の植物との混合、そしてトウモロコシの包葉で作ったフィルターを付けてタナペッで巻く核心部の作業、さらにはこれらの品質チェックおよびパッキングと、ほとんどが手作業で行われるからであろう。

　ミンジャンの町では大規模な部類に入る、名の知れたブランド名を持つ、あるセーレイッコウンでは、一日当たり八万から一〇万本のセーボーレイッを生産する。一本当たりのコストは、タナペッ七

チャット（一チャット＝〇・一円）、葉タバコ四チャット、フィルター〇・五チャット、商標紙〇・一五チャット、労賃四・五チャットで、製品歩留まり九五％だという。つまり商品原価は一七チャットで、これに煙草特別税が一チャット付く。卸売価格は一本二〇から二五チャットであるから、販売費や一般管理費（光熱費、通信費、減価償却費など）をさらに控除しても、生産本数を加味するとかなりの収入となる。大きな家を構え、高級車を何台か所有しているのも肯ける。

ミンジャンには二〇〇を超える製造所があり、その数は増加傾向にあるという。各製造所は香付けや他の植物の混合などで差別化を図るが、最も重要なのはブランドである。有名ブランドは全国展開し日産数十万本を誇るが、小ブランドや無名ブランドは近隣で安く売るか他のブランドの委託生産をせざるをえない。セーボーレイッ業界は、競争的で格差の大きな世界である。

さてここまで葉巻製造所の話をしてきたが、実はここではほとんど葉巻を「製造」していない。町周辺の村人に中核の巻き作業を委託しているからである。セーレイッコウンはタナペッ、トウモロコシの包葉で作ったフィルター、刻んだ葉タバコなどの原料供給と、出来上がった葉巻の品質チェックとパッキングと販売を主な業務としている。次回「農村見聞録53」はミンジャン町周辺の村々で作られる葉巻と葉タバコの話をすることにしよう。

〈農村見聞録52　二〇一七年一一月一日〉

7. 葉巻の町とタバコの村（下）

前回［農村見聞録52］は「葉巻の町」ミンジャンのセーレイッコウン（葉巻製造所）の経営と町内での競争・共存の状況を概説した。そこでわかったのは、葉巻を巻くのはこの町ではなく、近郊の村に住む人たちであること、そして村々では葉巻の中に刻まれて巻かれているセーユエッジー（葉タバコ）も生産されていることだった。セーレイッコウン訪問の翌日、それら「タバコの村」をいくつか訪ねてみることにした。

村に行ってみると、あちこちの庭先で女たちが葉巻を巻いている。一本当たり三・五チャット（一チャット≒〇・一円）の労賃だという。町よりも一チャット安い。三年くらいの経験で、八時間に一二〇〇本巻けるようになる。これで四二〇〇チャットの収入ということになり、法定最低賃金の三六〇〇チャットより高い。さらに一〇〇〇本巻くと一〇〇本分ほど材料があまり、これは自分で処分できる。これでは村を出て縫製工場などで働く気にはならないだろう。

葉巻の材料をセーレイッコウンから持ってきて、村でできた製品を同じセーレイッコウンに納めるのが、コミッション・プエザーと呼ばれる仲介業者である。右記のように労賃の差額分を収取したり、一万本納めたら五〇〇〇チャットというように定額の手数料をもらったりと、仲介料の形式はいろいろある。中には一日に八万本納めて四万チャットも稼ぐ凄腕のプエザーも村にいる。

セーレイッコウン⇅プエザー⇅村人は一本の線で結ばれており、それが村の中に何本も入り込んでいる。特定のセーレイッコウンやプエザーが一つの村を抑えるというようなことはない。隣同士で仲良く葉巻を巻く村の娘たちが、それぞれ異なるブランドの葉巻を製作していることもしばしばある。一対一の個人ネットワークで結ばれるミャンマー社会の特性がよく表れている光景である。

村はまた葉巻の原料となる葉タバコも生産する。紙巻き煙草用の葉タバコは、世界で広く栽培されている黄色種（Flue-Cured）で、バガンの対岸のミッチェーが産地として有名だが、ミンジャンの村々で栽培されているセーユェッジーはそれとは異なるミャンマー固有のものである。八月から二月にかけて栽培され、その生産費は一エーカー（約〇・四ヘクタール）あたり四〇万チャットと、近隣のコメやゴマの生産費に比べてかなり高い。そのうち労働費が半分を占め、数か月乾燥させた後の仕分けも手作業という、手間と時間のかかる作物である。そして、葉巻プエザーとは異なる、葉タバコのプエザーを通じてセーレイッコウンに納入される。

セーユェッジー（葉タバコ）を選別する村人たち。収穫後半年以上、これらの葉は臨時作業場の両隣にある納屋で保管されていた。2017年8月、ミンジャン郡レーティィッ村落区にて、筆者撮影

このように葉タバコと葉巻の生産過程で町と村の人々は複雑に絡み合い、ミンジャン・セーボーレイッ経済圏を作り上げている。それぞれの生産過程が労働集約的で

あるがゆえに多くの雇用機会を生み出している。絶妙な産地形成の事例であると言えよう。

だが今そこには大きな逆風が吹いている。第一に環境問題である。タナペッはシャン州の山間地でパオ人によって栽培されるが、この葉を乾燥させるのに大量の薪を要する。その薪のためにパオ人が森林を伐採するので山の保水力がなくなって農業に支障が出ている、タナペッに使う農薬と肥料が水を汚染している、と山麓に住むシャン人（民族）から不満の声が上がっている。

第二は競争問題である。一九八八年までの社会主義時代には、国営企業がまずくて高い紙巻き煙草を作っていただけだったので、都市でも農村でも、煙草といえば紙巻き煙草ではなくセーボーレイッだった。しかし、一九九〇年代の軍政期に貿易の自由化が進むと、外国製の紙巻き煙草が入ってくるようになり、都市部を中心にこれを吸う人が増えた。さらに二〇一二年外国投資法により、日本たばこ産業（JT）やBritish American Tobaccoといった世界的企業が、ミャンマーの低い煙草税に引かれて参入し、紙巻き煙草の生産量は一気に拡大した。低価格のセーボーレイッは今も農村部で人気が高いが、農村の所得が上がり、紙巻き煙草企業が攻勢をかけるならば、農村部でもセーボーレイッから紙巻き煙草への需要シフトが起こるかもしれない。

第三が健康問題である。二〇一五年から紙巻き煙草にも葉巻にも、「煙草を吸うと肺がんになる」とのキャプションが入った、肺が真っ黒な毒々しい写真をパッケージいっぱいに張らなければならなくなった。このような反煙草キャンペーンやこれからますます増えるであろう特別な課税は、喫煙人口そのものをさらに減少させずにはおかないだろう。

王朝時代から続くセーボーレイッ文化・経済圏は、大きな変化の時を迎えているように思われる。

〈参考文献：松田正彦「紫煙がつなぐ平原と高原」落合雪野・白川千尋（編）『ものとくらしの植物誌：東南アジア大陸部から』臨川書店、二〇一四年〉

〈農村見聞録53　二〇一七年一一月二日〉

第7章　治乱に向き合う

1．お茶の村の社会経済変容

かつてビルマルートと呼ばれた、マンダレーからムセーに向かう街道を、マンダレーから二〇〇キロほど車を走らせると、かつての藩侯（ソーボア）の都ティーボーに着く。ここから八〇キロほど山道を上ったところにナムサンという町がある。このあたり一帯に住むのは少数民族のパラウン人であり、二〇〇八年憲法では民族の名を冠した自治区が制定されている。パラウンといえばお茶、というのがミャンマーのいわば「常識」であり、パラウン民族自治区は茶畑と森林で成り立っているといっても過言ではない。特に有名なのが、ラペッソーと呼ばれる茶の漬物で、ミャンマーを代表する食べ物の一つである。他にもアカーチャウ（緑茶）、アチョーチャウ（紅茶）、そしてラペッソーを乾燥させたアチンヂャウと、茶の加工法もバラエティに富んでいる。

私がこの地に初めて足を踏み入れたのは二〇〇八年一月のことだった。標高一五〇〇メートルほどのナムサンの町は、朝夕の気温が五度近くにまで下がり、茶摘みが始まる三月下旬までの農閑期にあたる季節だった。茶の加工や栽培、あるいは歴史で有名な村々を廻った後、ナムサンから日帰りで調査できるルエカムという村の世帯経済調査をすることにした。当時の村の世帯数は八六、この村の娘と結婚したビルマ人（民族）教師の他は皆パラウン人（民族）だった。この世帯群を三つの階層に分けて調査したが、一〇世帯の上層は茶畑の保有面積が大きく、三六世帯あった中層はそれが少なく、残りの下層は茶畑をほとんど所有していない、というように貧富の格差は保有する茶畑の面積にほぼ比例していた。

　二〇一五年一月、機会があって再びこの村を訪れることができた。世帯数は一一二に増え、とりわけビルマ人のいる世帯が増えていることに驚いた。これは二〇一〇年に村のはずれにできた近代的な紅茶工場に起因する。工場の労働者のほとんどが中央平原からやってきたビルマ人男性で、この村の娘と結婚してここに住みつく者が出てきたからである。工場は周辺の村々から大量の生葉を買い付けており、その価格が上昇しかつ安定することが期待されていた。しかし、シュエピーと呼ばれる一番茶で、七年前に一ペイッター（約一・六三三キログラム）あたり五〇〇チャット（〇八年の為替レートは一チャット＝〇・一〇円、一五年は〇・一二円）だったのが、九〇〇チャットになった程度だった。農業雇用労賃は昼食のおかず代込みで〇八年の一〇〇〇チャットから一五年には三二〇〇チャットに上がっており、この間に茶葉の生産性が上がったという話は聞かないので、茶作の収益性は明らかに下がってきている。

　それを穴埋めするのが、茶作以外も行う複合経営や兼業であるが、村内や周辺でそれらが増えたという話は聞かない。そしてまさに急増したのが、中国への出稼ぎである。

ルエカム村のメインストリートで遊ぶ子供たち。両親は中国に行き、祖父母が孫たちの面倒をみている場合も多い。2015年1月、筆者撮影

二〇〇八年には一人もいなかった中国出稼ぎ者が、上層からは確認できなかったものの、中層の世帯群の三分の一、下層世帯群の半分から、少なくとも一世帯当たり一人の出稼ぎ者が出ていた。村から一六〇人ほど中国に出稼ぎ中であるとのことだったので、平均で世帯当たり一・四人が行っていることになる。ただし、うち一四〇人ほどは茶摘みの時期になると村に帰ってくるとのことである。中国での仕事は男女ともサトウキビやトマトの収穫、草取り、家畜の世話といった農業労働が多いが、男は左官や大工、女は給仕や料理人といった職種に就く者も増えている。農業労働の場合、賄付きで日当が一万チャット、非農業部門ではそれ以上であるという。そして後者に就業すると、農繁期になっても村に帰ってこなくなる。

生葉やラペッソーの価格に比べて労賃が上がり、さらに高賃金の中国への出稼ぎ者が、特に下層から多く出ている、というこの七年間の大きな社会経済変化の結果、茶畑の保有面積の多寡によって階層分けができるという状況がなくなりつつある。農地がなくても、出稼ぎ所得で近代的な家を建てたり電気製品やバイクなどの耐久消費財を整えたりする村人が続出している。

だが中国行きには大きなリスクが伴う。中国人の農家に売られて子供を二人産んだとたんに放り出された娘やマラリアにかかって村で寝込んでいる若者に出会った。また近隣のゼーバンカウッ村では中国に行った一〇〇人以上の青年たちの半分が麻薬中毒になって帰ってきた。それでも貧困から抜け出すために村人は中国を目指す。現世での経済的成功に執着しない敬虔な仏教徒であるパラウン人の社会も、経済開放とともに急速に変化しつつある。

〈農村見聞録㉔　二〇一五年三月二〇日〉

（追記）筆者の調査の一か月後、内戦のため、外国人のこの地域への立ち入りは一切禁止になった。

2. 内戦直前のコーカンの山村にて

シャン州の北東端に位置し、中国に接するコーカン自治区は、面積が二〇二六平方キロメートルと東京都より若干狭い程度だが、山がちな地形のため人口はわずか一三万人ほどであり、うちコーカン民族が約八五％を占める。彼らは一七世紀の明清交替期に逃げてきた漢民族を起源とすると言われており、今でもほとんどミャンマー語を解さない。二〇一五年二月九日に勃発したコーカン軍（Myanmar Nationalities Democratic Alliance Army, MNDAA）とミャンマー国軍との内戦は、ミャンマー政府と多くの少数民族武装組織との和平交渉が進む中にあっても、依然として沈静化の兆しを見せていない。今回は、コーカンの山奥に踏み入り、この開戦の直前まで調査していた村々の経済状況を素描することにしよう。

コーカン地域がイギリスの統治下に入った一九世紀末、英国軍の主導でケシが導入されて以来、ケシ栽培と麻薬の製造・流通はコーカン経済の中核を占めてきた。それが一九八八年のミャンマー軍政

建国の父、アウンサンの出身地、ナッマウから来たビルマ人労働者たち。男女の区別なく働き、サトウキビの収穫量で量った歩合制で賃金をもらう。日当換算で、郷里の三倍から四倍は稼げるという。2015年2月、コーカン自治区ラオカイ郡にて、筆者撮影

成立とビルマ共産党の瓦解以降、軍政とコーカン特別区政府との協同によってケシ栽培が急減し、二〇〇四年以降は撲滅に至った。ケシに頼りきってきた農家の収入は当然激減し、それに対応すべく日本は一九九九年に官民連携によりソバ栽培プロジェクトを導入した。だが、生産された全量を日本市場で買い取る仕組みであったため持続性に欠き、二〇〇四年の国際協力機構（ＪＩＣＡ）撤退後、ソバ栽培は衰退した。これに取って代わるように興隆してきたのが、コーカンと隣接する中国雲南省の民間製糖企業によるサトウキビ契約栽培であった。私が訪れた時期には、主要道路はサトウキビを満載したトラックで渋滞をきたすほどであった。運転手は中国人で、サトウキビはすべて国境を越えて雲南に運ばれていた。

農村調査を行ったコーカン中部および北部の山間村では、麻薬撲滅以前にはケシを村のずっと上方の冷涼な高山帯で栽培し、主食のコメは村の下方に開いた棚田で作り、焼畑ではトウモロコシを作付して豚の餌とし、村の近辺の斜面で茶やクルミを育てていた。

撲滅以後、ケシ畑は森林に返り、自給作物であるコメとトウモロコシ、そして商品作物としての茶とクルミが残されたが、それでは以前の生活レベルを当然下回ることになる。サトウキビの契約栽培は、麻薬撲滅後の貧困化を防ぐ救世主であった。中国国境に近くて道路が整備されているラオカイやチンシェーホー周辺から始まり、作付地は山塊の奥へ奥へと広がっていった。それにつれて、製糖会社持ちの輸送費がかさむようになり、サトウキビの土地生産性も落ちてきた。国際市場での砂糖価格の低迷も重なって、定額の契約価格でサトウキビを買い上げなければならない中国の製糖会社は、支払いを渋ったり肥料価格を上げたりするようになってきたが、それでもサトウキビ栽培は拡大の様相を見せていた。

また、サトウキビの収穫には大量の労働力が必要であるが、結（ユイ）や手間替わりといった組織的労働力交換の慣習がないため、中国の製糖会社の指導でそのような組織が作られた。しかし、作付面積の多い農民やラオカイへの若者の出稼ぎが多くて労働力が足りない村では、雇用労働力に頼らざるをえない。そこに入ってきたのが、大量のビルマ人（民族）労働者である。ミャンマー語でインタビューしてみると、彼（彼女）らの出身地のほとんどが、マグエー、ナトージー、ナッマウといった中央乾燥地であった。元々この地域には土地なし労働者が多いうえに、昨今は干ばつが頻発し、農民も出稼ぎに出ざるをえなくなったとのことである。道々で出会う男女の道路工夫も、聞けばこれも中央乾燥地から来たビルマ民族であった。

このような状況の中、サトウキビ収穫の最盛期に内戦が勃発した。サトウキビを売れなくなったコーカンの農民たちの収入はどうなるのだろうか。賃金も帰路も断たれたビルマ人労働者たちの生活はどうなるのだろうか。内戦は多くの人々の生活の糧を奪い、貧困状態に引き戻すことになるであろう。暴力団の縄張り争いのような内戦で最も被害を受けるのは、この地においても、そこで地道に働く名もなき人々である。

〈農村見聞録㉕　二〇一五年五月一日〉

3．洪水被害の村を訪ねて

二〇一五年七月中旬から断続的に降り続く大雨により、ミャンマーは未曽有の大洪水に見舞われている。二〇〇八年五月のサイクロン・ナルギスは、一四万人の命を奪った、ミャンマー最大の自然災害と言われているが、今回の洪水は死者こそ一〇〇人余りと少ないものの、一四ある州管区域のうち一二に被害が及び、被災面積はナルギスを凌駕する。国内外の調査機関によると、八月末までに一六〇万の人々と四〇万の家屋が罹災し、一四〇万エーカー（一エーカーは約〇・四ヘクタール）の農地が破壊され、うちコメを中心とする立毛中の作物被害面積は一〇〇万エーカーに及び、二万頭の役牛が失われたという。

二〇一五年八月中旬に、ひざ上まで水に浸かりながら訪ね歩いた水害の村での見聞とインタビュー調査が今回のエッセイの出処である。エーヤーワディ川沿いのデルタ地帯の被害面積が最も大きいが、調査時点ではまだ水が引いておらず、ヤンゴンから一〇〇キロほど北方に位置するオッカン町近くのフライン川沿いの村々を訪ねることにした。ちなみにこの村々が属するタイッチー郡は、被害農地数がデルタ地帯の中では最も多い。

オッカンから幹線道路を外れて、未舗装の泥道を西に向かうとすぐに、田植え後一か月ほど経った稲で緑一色に染まった水田地帯が目の前に広がる。このあたりも水に浸かったそうであるが、四、五日で水が引いたので、稲は何事もなかったように育っている。フライン川に向かってさらに西に進むと、あの青々とした水平線が一変したように、茶色に枯れた稲の稈が所々に浮かぶ、泥水に浸かった水田が目に飛び込んでくる。洪水のために稲が枯死してしまったのである。種類にもよるが八日から一〇日ほど冠水し続けると稲は枯れて死んでしまう。これをあの緑の水田に戻すには、もう一度種籾を直播するか田植えをするしかない。農業灌漑省や農民組合が種籾の配布を行っているが、八月中に再植しないと収穫が期待できないという。スピードとアウトリーチが要求される作業である。

緑色と茶色の境界線あたりに大きなパゴダ（仏塔）があった。ここが周辺村落の罹災民たちの避難所になっていた。デルタ地帯のパゴダはちょっとした高みに建てられており、相対的ではあるが、洪水の害を免れることができ、このパゴダのように避難所になることがよくある。私が訪ねた時には、四五〇〇人ほどの避難民がいたが、多い時には一〇〇〇〇人を超えていたという。このパゴダには、赤十字の看護師たちや国軍の兵士たちも出張ってきており、食糧配給や傷病治療の前線基地ともなっていた。

ここに待避している村人に洪水時の様子をインタビューしてみることにした。主に話を聞いたのは、パヤーゴウンという、フライン川沿いの漁村から逃げてきた村人たちである。同村は総世帯数一一五戸ほどの漁村であり、そのうち漁業用の手漕ぎ舟を所有する世帯は五〇、残りの六五世帯はこれらの舟所有者に雇われるか、彼らが捕獲した魚を売りさばく仕事に従事している。舟の所有を農地保有に置き換えると、農地保有世帯が村の半分弱というミャンマーの農村の状況とよく似ている。

エーヤーワディ管区域のピャーボン郡から援助物資を運んできた僧侶。こうした僧侶のNGOの活動が目立つのも今回の洪水支援の特徴である。2015年8月18日、筆者撮影

彼らはここに避難してきて二週間が経つと言っていた。二、三年に一度は洪水があるので慣れてはいるが、今回は増水速度と量が尋常でなく、村にある舟だけでは間に合わず、民間や軍のエンジン付きボートで避難してきた。溺死する者はいないが、洪水で巣を追われたマムシやコブラなどの毒蛇に噛まれて死ぬ者は必ずいるとのことである。その数は洪水による死亡者の中に入っているのだろうか。

パゴダに避難している限りは、食料も飲料も心配することはないが、問題は帰村後である。洪水が来ると魚があちこちに散らばってしまい、漁獲量は激減するという。収入を確保しながら生活の再建

をしなければならないという、農村と同じ問題を漁村も抱えているのである。

パゴダには飲料会社、食品会社、俳優、NGO等々から大量の物資が届いているが、何をどれだけどこの村に持っていくかといったロジスティクスに問題があるように思われた。また洪水後の生活支援にこれらの団体がどれだけコミットできるかも不透明である。だが、ナルギスの時と比べて、彼らが自由に迅速に動けるようになったことも確かである。これも民主化の恩恵の一つかもしれない。

〈農村見聞録㉙　二〇一五年九月一八日〉

4．シャン州のディアスポラと「新しい村」

ミャンマーの北東部に位置するシャン州は、文字どおり、タイ民族に属するシャンの人々が多数を占める州である。ミャンマーの総人口の七割を占めるビルマ（ミャンマー）民族もここでは少数にすぎず、シャンの他に、パラウン、パオ、カチン、ダヌ、インダー、ワ、コーカン等、多くの民族が居住している。今回は、その中でも特に「少数」のリス民族の話である。

シャン州北部では今も国軍とパラウンやコーカン民族軍との戦闘が続いており、この地域で農村の調査をすることはすこぶる困難である。だが、二〇一六年夏、比較的治安が安定しているラーショー郡の農村を六ヵ村ほど調査する機会があった。その中で最も豊かに見えたのが、ラーショー市に程近

キリスト経典を学ぶカシ村寄宿学校で昼食中の学生たち。2016年8月、シャン州ラーショー郡にて、筆者撮影

いカシ村であった。「カシ」とはリス語で「新しい村」という意味である。同村に住むフラースィーという名の長老が、その「新しい」歴史を語ってくれた。

長老たちは元々コーカン自治区コンジャン郡のシンタン村落区に住んでいた。中国との国境までほんの数キロしかない山中の村である。一九六〇年代半ば、この地域に中国共産党の支配が及んできた。敬虔なキリスト教徒であるリス民族の人々は、信仰を抑圧する共産党の支配を嫌って、一九六八年、近隣の村落区に住むリスの人々と図ってこの地を脱出することにした。

二〇〇世帯余を糾合した大集団は、道なき道を南下してコーカンを出て、ミャンマー国軍がかろうじて掌握していたコンロンに達した。ここからは兵士を運ぶ軍用車両に乗せてもらい、ラーショーに到着した。ミャンマー政府はこの町よりもさらにマンダレー方面に向かったティーボーから北に向かう山間部の土地を提供することを約束したが、場所も地味もよくなかったので、リスの人々はこれを断った。

そこで助力を仰いだのが、一九八八年から二〇一一年まで続いた軍政期に商業大臣、財務大臣、国家計画・経済開発大臣等を務めたエーベル氏であった。一九六八年当時、彼は国軍の第四一大隊の司令官としてラーショーにいた。同じキリスト教徒のよしみで、伝手をたどってエーベル氏を頼ったのだという。彼はリスの「難民」たちにラーショーに程近い森林地帯を斡旋した。リスの人々は豊富な森林資源を伐採し、これを国内や中国で売りつつ、同時に森や荒れ地の開発を進め、耕地を作り出し、家を建て、道を引いて、自分たちの村をここに築いていった。シャン州の内戦は一九八〇年代になっても継続し、カシ村の人々はこの地に定住することになる。難民がディアスポラになったのである。

一九九〇年代になると内戦が沈静化し、中国との国境貿易が盛んになってくると、カシ村の経済は急速に発展した。その来歴から彼らは中国語に堪能であり、中国に森林資源を売るだけでなく、交易に参入する者や中国に出稼ぎに行く者が増加していった。一九九〇年代には、森林を耕地化して作付けしたトウモロコシが中国に輸出されるようになり、さらにこれがF1ハイブリッドに変わると、輸出量が急拡大して、その利益は村に広く行きわたった。二〇〇八年にはリス語でキリスト経典を教える寄宿学校が村内に作られ、ミャンマー国中からリス民族の若者が集まってくるようになった。難民の村が、ミャンマー中のリス民族の語学および宗教教育の中心となったのである。

ところが最近になってこの村にいくつかの問題が生じている。その一つが、二〇一一年の「民主化」以降、ミャンマー全土で沸騰している土地問題である。特にシャン州はその最前線となっている。カシ村も御多分に漏れず、一九九四/九五年に村人たちが汗水たらして開拓したトウモロコシ農地三〇〇エーカー（一エーカーは約〇・四ヘクタール）が国軍に接収されてゴム園になり、一九九五/九六年には同一五〇エーカーが民間のセメント会社に払い下げられた。国有地ということで、村人には何の補償もなかった。ミャンマーでは国有地でも耕作権が認められているが、この村では以上に述べた経緯もあって、その権利を証明する文書が存在しない。また、リスの人々が権利を主張すれば、その前に森を使っていた人々が声を上げることになるかもしれない。シャンの「新しい村」はどこでもこうしたリスクを孕んでいる。

ふたつめは、二〇一〇年代に再び激化してきた内戦の影響である。この村には戦乱に巻き込まれたリス民族の七七世帯が新たに避難してきた。だが、もう村には彼らを受け入れる土地はない。彼らはディアスポラとして村に定着することは不可能であり、難民のまま生地への帰還を待ち続けるしかない。シャン州の内戦に巻き込まれた村人たちは「新しい村」の建設によって対処してきたが、今はそれもかなわず、戦乱の地の人々は難民として漂流せざるをえないのである。

〈農村見聞録㊴　二〇一六年一一月二三日〉

5. コーカン内戦に巻き込まれて（上）

あれから丸二年が過ぎた。二〇一五年二月二三日、ミャンマー国軍のヘリコプターで私はシャン州ラーショーの国軍基地に降り立った。内戦のど真ん中から命からがら脱出してきたのである。

二月九日、コーカン人（民族）で組織されるミャンマー民族民主同盟軍（ＭＮＤＡＡ）が、同じコーカン人で構成されるコーカン自治区政府に対して武装蜂起し、その後ろ盾となっているミャンマー国軍との間で戦闘が始まった。私はその日、シャン州北東部、中国と国境を接する同自治区コンジャン郡の山中で農村調査中だった。あのカシ村の人々が住んでいた故地である［農村見聞録㊴］。今回と次回［農村見聞録㊷］は、この戦乱の地に図らずも取り残されたために、ミャンマーの内戦を内側から見ることになった経験を振返ってみることにする。

二月二日に初めてコーカン自治区を訪れた私は、翌日からマンロー、チンサイタン、チサンの各村の社会経済調査を行った［農村見聞録㉕］。八日、現地で農村開発プロジェクトに携わる吉田さんとここで合流し、さらに奥地のコンジャン郡に移動した。その時には、たまたま私が訪ねたこれらの村が内戦の激戦地の一つになるとは思いもよらなかった。ゲリラたちは私が立ち去るのをごく近くで監視していたに違いない。

翌九日、コンジャンの町からさらに山を分け入ったチャーティーモーという村に私はいた。最初に訪ねた家では、車庫に四輪駆動車二台と乗用車一台が鎮座していた。大邸宅の屋根にはソーラーパネルが張られ、たまたま入ったシャワールームには大きな孔雀が飼われていた。こんな山奥になぜこんな金持ちがいるのだろうか。私はがぜん興味がわき、その所得源を根掘り葉掘り聞くことにした。ところが広めの茶畑とまだ収穫期に入っていない多数のクルミの木があるだけで、どうも所得とこの家の資産が釣り合わない。さらに食い下がると、同行者が、これ以上聞くのは無理なのでやめましょうよ、と言い出す始末である。

そこにコーカンの農業局から、戦争が始まったのでコンジャン町へすぐ引き返せ、との一報が入った。この家の調査を泣く泣く諦めた私は、それでももう一軒訪ねて、この村の経済の深層に迫ろうとしていた。そこでまたインタビューをしていると、とにかく調査をやめて引き上げてくれとの電話がひっきりなしにかかってくる。仕方なくコンジャンに引き上げる途中、電話もネットもつながらなくなった。

2015年2月8日、五日市が開かれていたコンジャンの町は、コーカン人、パラウン人、ビルマ人、中国人等で賑わっていた（上）。ところが、内戦の火ぶたが切られた翌9日、町から人影が消えた（下）。コーカン自治区コンジャン町にて、筆者撮影

コンジャン町でただ一つの旅館の中国人経営者は逃げてしまったため、その夜は国軍のコンジャン基地内のゲストハウスの個室で過ごした。ところが翌日は会議室のようなところで雑魚寝することになった。この基地のトップである中佐は早々と負傷して不在、その夫人と家族が銃を持って臨戦態勢をとっていた。壁を見ると、軍人の組織図の横に、軍人家族の組織図も掲げてある。夫が死傷しても、妻は基地に残って戦わなければならないようである。

何十人もの軍人家族とコンクリートの床で雑魚寝するのを嫌い、一一日は農業局で過ごすことにした。夜七時ごろパソコンに向かっていると、パンパンパンと花火のような音がして時々火花も見える。ところが花火にあらず。頭の上で銃撃戦が始まったのである。さすがに恐ろしくなって、電気を消して炊事場で伏せていた。丘の上にある諸官庁のビルマ人公務員たちもここに避難してきて、緊張した面持ちでじっと息をひそめていた。

翌一二日の朝、公務員たちが続々とオートバイや車で町を脱出して行った。自分には責任があるからずっとここに残る、と前日までは言っていた医官や通信官たちが真っ先に逃げ出したのには驚いた。私の運転手と助手も中緬国境の向こう側へ消えていった。彼らの中には途中で追剥ぎにあって未だに行方知れずの者もいる。吉田さんと幾多の戦地をくぐり抜けてきた彼の運転手がいなかったら、私も逃げ出していたかもしれない。

〈農村見聞録㊶　二〇一七年三月一〇日〉

6. コーカン内戦に巻き込まれて（下）

頭の上で銃撃戦があり、農業局の建物にいると危険だということで、一二日、国軍基地内のゲストハウスに収容されることになった。だが今度はお湯が出る個室ではなく、窓ガラスが割れた部屋で吉田さんと相部屋になった。作戦司令として大佐が赴任し、ヤンゴンから精鋭部隊を率いた中佐がやってきて、それぞれ個室に入ったからである。

その日の午後、ベッドに座っていると、若い大尉が来て、「横になって寝ていろ」と言われた。私の頭のちょうど後ろにあるガラスに空いた穴は銃弾の痕らしい。農業局よりここの方が危険じゃないか、と少し腹が立った。だが、翌朝ゲストハウスの下で銃撃戦が始まると、やはりベッドに伏せることにした。

ベニヤ壁一枚を隔てた隣の部屋からは四六時中ブーピーと騒音が聞こえてきて、夜も眠れなかった。無線を傍受する機器が置かれていたからである。そこの責任者は、六〇歳近いワ人の准尉で、ミャンマー語のほか、パラウン語、中国語、ワ語に堪能だった。「ワ」とはコーカンの南に自治区を構える、反政府武装勢力の中では最大の戦力を誇る民族のことである。無線で入ってくるこれら諸言語の軍事情報をミャンマー語に翻訳するのが彼の役目だった。睡眠を妨害されるだけでは忌々しいので、私はこの准尉から情報を聞き出すことにした。彼の妻が、私が以前調査したことのあるナムサン郡［農村

ゲストハウスの私の部屋の目の前には、塹壕の中で襲撃戦に備える兵士たちがいた。2015年2月、コーカン自治区コンジャン陸軍基地内にて、筆者撮影

見聞録㉔」の村の人だったことが、親しくなるきっかけになった。

ある日彼は、今中国側の道路をワ軍の装甲車七台がコーカン軍の加勢に向かっている、と私に話しかけてきた。これには少し驚いた。中国もワも、この内戦には一切関与していないと公式には発表していたからである。ちなみに、上官から兵士に至るすべての軍人がコーカン人を「タヨウッ（中国人）」と呼んでいた。中国人ども（タヨウッ・ドェー）をやっつけろ、という雄叫びを中国本土の人々が聞いたらどう思うだろうか。

またある日、「コーカン軍が、前に池がある大きな木の下に集結する」との無線を傍受した。ところがこの場所がどこにあるのか誰にもわからず、コーカンの地理に詳しい吉田さんに尋ねていた。これではミャンマー国軍はなかなか勝てそうにないな、と思ったことであった。

他にもそのように思ったことがしばしばあった。ある夜、騒音が全くしないので熟睡できた。件の准尉に聞いてみると、「停電だったから傍受しなかったのだ」と言う。停電の時には停戦もするのだろうか。また静かな夜に、「タ、タ、タ、タ」という大声と空砲で突然目覚めさせられることもあった。これは、「起きろ、起きろ、起き

ろ、起きろ」というミャンマー語で、兵士を眠らせないための手段だという。そのせいか、私もそして兵士たちも昼間は眠そうな目で日向ぼっこをした。凍えるように寒い夜を熟睡もできずに過ごした後の日光浴は最高だった。ところがある日、上層部から日向ぼっこ禁止令が出た。私は当然無視したが、兵士たちも一、二日ほどしかこれを守らず、またぞろ私の隣に並びだした。水浴禁止令も出たが、上官が水浴しているので、これも守られなかった。戦場では命がけで戦っているのだから、せめて基地内ではゆっくりさせろ、というのが兵士たちの考え方だった。兵士たちは「大尉や中尉といった尉官たちには代わりがたくさんいるので死んでもかまわないが、自分たちは死ねない」とよく言っていた。

ミャンマー国軍は志願制なので、兵士は不足気味であり、特にゲリラ戦に強いベテランは少ない。一方軍政期に国防大学（National Defense Academy）は急拡大し、大量の士官候補生が生み出された。末は大臣にもなれるエリートコースであるが、その前に前線で士官と兵士のバランスが悪い部隊を率いて先頭に立って戦わなければならない。コンジャン基地トップの中佐は開戦直後にこれで負傷した。

二三日、私の乗ったヘリコプターの中は、血だらけの軍人たちで埋め尽くされていた。そしてその中には、尉官の襟章を付けた若者が確かに多く含まれていた。将官までたどり着く者は、文字通りの「生き残り」なのである。命を懸けて国のために戦ってきた者が国を支配してなにが悪い、というのが彼らの本音なのかもしれない。

それにしてもなぜあの二月九日にこの内戦は始まったのであろうか。世帯の所得源をしつこく追及する私の質問攻めから辛くも逃れた、あの大金持ちの若者はいま何をしているのだろうか。もう少しでコーカン経済の見えざる部分に手が触れられるところまで来たのに、誠に残念でならない。

〈農村見聞録㊷　二〇一七年三月一七日〉

第8章　ミャンマーの村とは何か

1．村落式相続法（上）：財産分与は生前に

長い間農村の調査をしていると、親しくしていた村人の死に遭遇することがある。私は二〇一三年の七月から八月にかけて、あのティンダウンジー村の調査をしていた。当年八三歳になったウー・タンマウン（ウー・は目上の男性に付ける敬称）にインタビュー調査を行ったのは、七月三一日夕刻だった。彼と初めて会ったのは一九八七年であり、彼の世帯の家計調査はその年と一九九四年に行い、今回が三回目であった。経済調査を行わない年も彼の家を頻繁に訪ね、お茶を頂きながら世間話をして、村の歴史、農業、最近の若者事情等々いろいろなことを教えてもらった。その彼が、長年患っていた糖尿病のせいで心臓が弱り、八月一三日に亡くなった。あの調査の日が彼に会った最後の日となった。今回は彼が死ぬまでにどのように財産を子供たちに分け与えたかを、次回［農村見聞録⑰］はその法律的経済的含意を中心に、ミャンマー村落における相続の話をすることにしよう。

ウー・タンマウンはこの村の比較的裕福な農家に生まれ、一九七〇年代から八〇年代にかけて、ビルマ式社会主義体制下で村落人民評議会議長（村長）を務めた長老である。彼には八人の息子と二人の娘がいる。この村の世帯あたりの子供の数は一九八七年時点で平均三・二四人、一九九四年時点で三・〇四人だったので、村の中では突出した子沢山世帯であった。

一九八七年の調査時、彼は結婚して別世帯を構えた（オークェ［農村見聞録⑦］）長男に〇・八八エー

カー（一エーカーは約〇・四ヘクタール）の水田を贈与しており、自らは屋敷地と一二エーカーの水田を保有していた。一九九四年の調査時には、さらにオークェした二人の息子に〇・八エーカーと二エーカーを与えたが、娘には与えなかった。面積が異なるのは、水田の地力や村からの距離が異なるからであるが、他の村人の事例を見ると、子供の能力や結婚相手によっても面積が異なるようである。娘に与えなかったのは、夫が左官で安定した収入があるとの理由からだった。そして死亡直前の三回目の調査時には、さらに四人の息子に一人あたり一・五エーカーから二エーカーの水田を分け与えていた。この二六年間に購入した土地も加えて、彼の手元に残った土地は屋敷地と八エーカーの水田である。これらは、同居して彼と彼の妻の面倒を見ながら、村の中から妻を迎えて三人の子持ちとなった末息子に引き継がれた。長女は五〇歳を過ぎても独身であり、いまだに同居しているが、結婚しないかぎりこの家に住み続けるであろう。

ウー・タンマウンの葬儀は 2013 年 8 月 15 日に行われた。遺体はそのまま、レンガとモルタルで作られたグーと呼ばれる墓（写真手前左）に棺ごと納められた。筆者撮影

　ウー・タンマウンの屋敷地にはいつも牛がたくさんいた。村有数の牛持ちであった。世紀の変わり目くらいまでは、役牛一頭と一エーカーの水田の価格がほぼ同じだったので、二〇頭も牛のいる彼の世帯は大地主と同義

であった。この牛たちも農地の多い者には一頭少ない者には二頭と息子たちに分け与えられた。娘たちには、農地や牛の代わりに、貴金属や宝石を贈与した。ビルマ仏教徒慣習法は男女を問わず同等の相続権を子供たちに保証するが、相続の対象となる財産のバスケットは農地だけではないので、このようなことも起こりうる。例えば、ウー・タンマウンの弟のウー・タンアウンは、長男に農地、二男に耕運機、長女に店、次女には屋敷と家という具合に分与した。

わずかばかりの農地を分与されたウー・タンマウンの息子たちは、これだけではとても生計を立ててはいけないので、妻が相続した農地がある者はそれを加え、ない者はさらに買い増して農業を続けた。一方、農地や牛を処分して、耕運機賃貸業を始めた者やパヤーの職員に転職した者もいた。四男は二〇一二年まで五年間村落区長（村長）を務めた。ミャンマーでは男女の区別なく財産は均分されるのが原則であるが、それでは子供たちが独立して生計を立てていくには不十分であることが多い。親は子らのオークェ時点での自立を助ければそれで十分で、あとは裕福になるも貧困に陥るも子供たちの力量にかかっているのである。

さてここで注意しなければならないのは、このような財産分与方法が「違法である」ということである。なぜ違法であるのかは、次回に解説することにしよう。

〈農村見聞録⑯　二〇一四年六月一三日〉

2. 村落式相続法（下）：仏教徒慣習法に反して…

前回、ウー・タンマウンが生前に子供たちに財産を分与したことは違法であると述べた。それはこの行為がビルマ仏教徒慣習法に反するからである。ミャンマー国内の仏教徒の相続や婚姻に関しては他の法律に優先する同法は、相続人に対する財産分割の時期を、被相続人の死亡時もしくは再婚時と定めている。子どもが親の財産を相続する場合、両親とも死亡するか、親のどちらかが再婚しないかぎり、親の財産に手をつけることができない。つまり親の再婚の場合を除いて、両親とも死んでから財産が男女を問わず分割相続される。また慣習法では、あらゆる遺言は無効であるとされているため、被相続人が生前に財産を分配する（生前贈与を行う）といったような、遺言を実行することと同じ効果をもたらす行為も違法である。

このような「違法行為」はウー・タンマウンに限ったことでも、ティンダウンジー村に限ったことでもなく、ミャンマーの農村のどこにでも見られることである。なぜこのようなことが行われるのであろうか。

第一に考えられるのは、農地の法律的特殊性である。農地は今でも国有であり、二〇一二年の農地法制定以前は、売買、贈与、貸借、分割、そして相続さえも禁止されていた。しかし、親の農地を子が耕作していれば、その子供が継続して耕作する（レッシ・レッゴウッ）ことができるという政令により、生前贈与だけは許された。これが農地だけではなく、牛や貴金属の生前贈与にまで影響を及ぼ

ウー・チッミャイン［農村見聞録㉓］から水田を分割贈与された娘のマ・フラテー（写真中央）は、この水田の一部に盛り土をして（この行為も違法）、写真の茶店を開き大成功を収めた。彼女は夫（写真右）に、儲からない農業は一切やめて茶店だけをやろう、といつも言っている。
2014年3月、筆者撮影

した可能性がある。

第二の理由は、親の生前に子供たちが「キョーダイ間計画（タージンターズ・スィーマンフム）」という財産分与同意を口頭または文書で行うことが可能で、慣習法の意には反するが、裁判によってこの行為を否定することはできない、とされていることにある。この同意に親が介入すること、あるいは親が子供らを説得して同意させることとは十二分に考えうる。これがあれば、アウンサンスーチーとアウンサンウー兄妹の相続争いに象徴される裁判沙汰は起こらないですむ。

第三は、結婚したら別世帯を構えるというオークェの慣習との矛盾である。別世帯を構える時にこそ子供たちは家屋敷の購入資金や生計手段などが必要であるのだが、これを相続財産の前倒しとして受け取ることはできない。そのかわり親は子の結婚時にレップェと呼ばれる贈与をするのが慣習となっており、これには土地や家畜も含めてもよいが、そのような贈与をする金持ちの親は村には稀である。親子の経済事情を斟酌して適当な時期に生前贈与が行われる。それを村人たちはレップェとは呼ばず、アムェーすなわち相続と呼ぶ。仏教徒慣習法とは異なり、村人たちには生前贈与と死後相続を区別する意識が薄い。

補完的な意味で第四に、ミャンマーには相続税も贈与税もないことが挙げられる。慣習法に従わせるべく、贈与を抑制し相続にインセンティヴを与える税制がないのである。

ティンダウンジー村で曲がりなりにも農地の分割相続ができるのは、この地域では灌漑が整備されていて多毛作が可能、すなわち土地生産性が高いので、小面積でも何とか生計が成り立つからである。これに対し、水稲の単作しかできなかった社会主義時代のズィーピンウェー村では、八エーカー（一エーカーは約〇・四ヘクタール）未満になると農業だけでは食べていけなかったので、慣習法に反して、農地は一子のみに相続されていた。またチン丘陵の村々では、子供全員が分割相続していた焼畑が、人口圧が高くなると男子のみにそしてやがて長男のみの相続に変わり、それでも相続が無理となると村の共有地となっていった。村の農地相続においては、農地関係法や慣習法は二の次であり、子供たちが農業で生計を立てていけるか、不可能な場合どのように自立させるかが第一義である。ミャンマー農村での農地相続は法律問題ではなく、経済問題なのである。

〈農村見聞録⑰　二〇一四年六月二〇日〉

3．村の組織はうたかたのごとし

「村落式相続法（上）：農村見聞録⑯」で、ティンダウンジー村のウー・タンマウンの納棺の写真を掲載した。今回は彼の葬儀に関わった村の組織についての話から始めることにしよう。

この村には元々「ターイエー・ナーイェー・アティン」と呼ばれる慶事（ターイェー）と弔事（ナーイェー）に関わる組織（アティン）がある。日本語にすると「慶弔組合」である。ミャンマー中にあるわけではないがマンダレー周辺の上ミャンマーといわれる地域の村にはたいていこれがある。慶弔金は主に「ユワー・ウィン・ヂェー（入村金）」によって賄われる。村の娘を他村の男が娶った時、村の男が他村の娘を娶った時、娘の村の慶弔組合に花婿側が金銭を支払うのが「入村金」である。それを貯めておいて、村で慶弔時に使う食器や椅子等を買う。組合の実務は数人の委員によって行われ、村人は機器を利用するだけである。この委員たちが慶弔金を出すこともある。

ウー・タンマウンの葬儀の際、テント、テーブル、食器などはこの慶弔組合が提供した。だが彼の棺を乗せて村から墓地まで運んだ、日本製ワンボックスを改造した「霊柩車」を提供したアティンはまた別の組織だった。つまり村には二つの慶弔組合がある。後者の名称は、「セーダナーシン・ルーフム・クーニーイェー・アティン（誠意による社会奉仕組合）」という。二〇一二年にできた新しい組合である。慶事に使うテーブルや食器等を弔事に使うのは縁起が悪い、というのが理由であるが、現状ではまだどちらにも同じ物を使用しているので、これは表向きの口実にすぎない。正副の組合長こ

ウー・タンマウンの柩を載せた新慶弔組合の「霊柩車」。組合の名前と電話番号が書いてある。これが初めての運行であり、運転する副組合長は、「ピィンブェ（開業式）だ」と縁起でもなく喜んでいた。2013年8月、筆者撮影

その村の長老格で人望のある人物たちであるが、実際にこれを組織し運営しているのはコー・タンゾーという、村の娘と結婚して村に来た三〇代の若者である。新組織を使って、村の有力者に成り上がるのが彼の野望だと言われている。

村のいろいろな集会でゴーバカの長老たちを批判したり、反ムスリムの扇動をしたりと、評判は必ずしもよくないが、その行動力によって、霊柩車を保有する組織にまでしてしまった。このアティンに不満を持つ者はもちろん入らないが、かなりの村人たちは両方に入ってそれぞれのアティンからの便益を享受しようとする。彼らは「組合員」というよりも「消費者」として参画し、アティンが役に立たなければいつでも抜けてしまう。この新たな慶弔組合の運命はまだ不確定である。

そのほか村には、仏塔管理委員会、斎飯供与組、田植え女組合といった集団があるが、いずれもやりたい者が入る、というスタンスである。一旦は入っても、運営の仕方が気にいらなかったり、人間関係が悪化したりすれば簡単にやめてしまう。極端な場合は、右記のような同種の新しい組織ができることもあり、それ

がまた短期間になくなってしまうことも少なくない。教育委員会、青年団、消防団、婦人会、協同組合といった官制組織の場合、そこに「消費者」としてのメリットがある間だけ村人は関与する。したがって、予算がなくなればすぐに名目化してしまう。人々にとっては「村」さえそのような集団であり、気に入らなければ替えてしまう、つまり他の村に移ってしまうことも辞さない。日本のように、村さえあれば大抵の組織は永続的に運営される、というわけにはいかない。魅力的なリーダー、物理的あるいは精神的なメリット、円満な人間関係といったものがなければ、自立的で自由なミャンマーの村人たちは集団をいつでも離脱する。村の組織は泡沫のような存在である。現在、雨後の竹の子のように作られている様々な「会社」や「組合」についても同じようなことが言えるかもしれない。

〈農村見聞録⑱　二〇一四年七月一八日〉

4．農業水利から農村社会を考える

私は今カンボジアにいる。当地での水利組合の設立促進や運営能力の強化にむけて、同国水資源気象省が日本の協力の下で推進しているプロジェクトの一環として、カンボジアの水利組合の実態を調査するのが滞在の目的である。本稿では、カンボジアの農業水利の実態を調査した感想を導きの糸として、日本、カンボジア、そしてミャンマーの農村を比較してみたい。

日本では稲作に必要な用水を、降雨などの自然的な条件のみで入手できる天水田はきわめて少ない。自然の余水を堰や水路、溜池やダムなどの灌漑施設を通じて、取水し、分水し、導水し、配水せねばならない。このため、灌漑施設の建設と補修に必要な土木技術の発達度合いが、日本の稲作の発展段階を規定してきた。支配者たちは、大規模な土木工事を行うとともに、水利用にともなう地域的な利害対立を調整した。「水は高きから低きに流れる」ため、水量や水質、利水や排水などをめぐり、上流と下流の地域的な対立が激しく、これを調停する権力が必要だったのである。また農民たちも、自分だけで個別に水を利用できないため、村落を中心に水利共同体を結成せざるをえなかった。農民はこの共同体をつうじて上から支配されながら、同時に農業生産の基礎となる水利の日常的な維持管理と小規模な水利工事を運営してきた（玉城哲・旗手勲『水利の社会構造』国際連合大学、一九八四年）。これへの不参加は十分に「村八分」の理由となりえた。こういった水利管理や村落共同体は少なくとも五〇年ほど前の日本の農村には引き継がれており、その残照は今も残る。

カンボジアのアンコール王朝（九～一五世紀）の基盤はトンレサップ湖周辺の灌漑施設にあり、半乾燥地である中部ミャンマーに展開したミャンマーの歴代王朝（一一～一九世紀）も農業水利の整備に力を入れてきた。支配者が土木工事を推進したのは三国とも同様であるが、農民の共同管理はどうであろうか。幕藩体制が確立した江戸中期以降の日本は、どこの地も、水と土地を自主的に管理する村落共同体で覆われ、農民は逃げれば追われ、逃げた村でもすぐに農民になれるわけではなかった。ところが、カンボジアやミャンマーでは、水利の整備された王朝核心部の周辺に広大な大地が広がっ

水路から水田にポンプで水を汲みあげる様子。漏れ出た水で、水路わきの道路が浸食されている。2017年2月、カンボジア・ポーサット県にて、筆者撮影

ていた。「共同体」的な厳しい管理に嫌気がさせば、あるいは王朝が提供する安全な生活を捨てる覚悟があれば、天水で稲作が可能な無限の可耕地にいつでも脱出することができた。村八分の目に遭って「二分」の恩恵のために我慢して村に住む必要はなかった。当然、日本の村落共同体のように強固な凝集性を持つ集団は生成しなかった。そして、その構造は今も変わっていない。

それでもミャンマーでは農民たちが自ら水路の補修・管理をしていた。一九九〇年代の私の調査によると、四次五次の小用水路には、灌漑局によって水路頭が任命され、受益農民に号令して、水路の除草や浚渫《しゅんせつ》を行っていた。しかし、一つの水路の受益には複数の村の農民が関わっており、また一人で複数の水路に関わっている農民も多数いた。すなわち、末端灌漑設備は村で管理するものではなく、これに関わる協同労働は、日本とは異なり、村の共同体的凝集性を高めるものではない。

カンボジアでは、ポルポトのクメールルージュの支配下（一九七五～七八年）での、強制的な「協同労働」によって、一〇〇万人を超える犠牲者を出しながら、人力のみで総延長が一万五〇〇〇キロ、

地球の円周の三分の一にもなる水路が、わずか三年八か月で掘削された。このポルポト水路は方形の美しいものであるが、重力を無視して掘られたものが多く、欧米の技術者からは、全く役に立たないばかりではなく、自然環境に対して有害なものさえあると非難されてきた。この水路の一部でも改修し管理して利用しようとするプロジェクトが、カンボジア当局と日本の協力によって進められている。日本人専門家の話によると、ポルポト水路は水田より水位が低いので重力灌漑ができないという。この点は日本やミャンマーとは大きく異なる。だが今はポンプという近代技術がある。私が実際に見た農民たちは、低い位置にある灌漑水路だけでなく、排水路からもタイ製のエンジンとポンプで水田に水を入れて乾季水稲作を行っていた。これで水路わきの土手が壊れようがおかまいなしである。農民にとってそこに水が溜まっていればよく、水路を共同管理して水を流すということには、ポルポト時代の強制協同労働の暗黒が影響していることもあろうが、ミャンマーよりもずっと関心が薄いようであった。

日本人は稲作というと共同体を連想するが、ミャンマーやカンボジアでは稲作こそ日本より盛んであるが、そこに共同体は存在しない。水利組合の設立においては、共同体を前提としない水管理システムの構築が模索される必要がある。

〈農村見聞録㊵　二〇一七年二月一〇日〉

5. チン州の焼畑から土地所有の歴史を再考する

土地制度史の一般理論によると、人類社会の最初の社会経済構成体は氏族であり、生産手段としての土地は私的に所有されず、未発達な共同的生産に照応して共同体的に所有されていた。これが原始共産制である。やがて生産力の発展に伴って、共有地から私有地に転換される部分が徐々に増加し、歴史は奴隷制さらには封建制へと進む。そして最終的には共同体的土地所有は完全に解体して、自由な私的土地所有に基づく資本主義に至る。土地所有史は完全なる共有に始まり、私有がこれを次第に侵食し、終には完全なる私有に行きつく、というわけである。だが歴史は本当にそのように進んだのだろうか。

二〇〇四年から二年間筆者が調査した、インドの国境に近いチン州では、今も多くの村々で焼畑が行われている。サッター村では二年耕作して一八年休閑する。村の草分けにつながる家系だけが最初に耕地を選ぶ権利がある。もともとは男子すべてがその権利を相続できたが、今では長男のみが相続している。その他の家系に属する世帯はその余りを分けて焼畑を行う。ゾークワ村では三年耕作して一〇年休閑する。一九七〇年ころに比べると休閑期間が半減した。そのころまでは世帯ごとに焼畑の範囲が決まっていてそこを移動していたが、人口増とともに移動可能地が減少し、村の共有地として各戸の耕作地は籤引きで決めることになった。ロンレム村でも三〇年前ころに焼畑は私有地から村の共有地となったが、籤引きは行わない。個人が適地を見つけ出して村長に申請し、申請地が重なった時はより貧困な世帯や棚田を保有しない者に優先的に配分される。フニャーロン村では、三〇年くらい前は休閑期間二〇年であったというが、今は四年耕作一〇年休閑である。村には生産性の高いチュアローと低いサテックという二種類の焼畑があるが、前者は村の草分けの家系にあたる世帯のみが耕作し、後者は共有地で貧困順に配分する。チュアローは世帯内の男子全員が相続してきたが、今は相続できる焼畑が少ないので長男のみの相続となった。チュンジョウン村でも、古くは個人が適地を見つけて焼畑をしてきたが、やがて共有地化して、三年耕作一〇年休閑の焼畑に移行した。それでも、耕作者の増加に伴い、休閑地の面積が次第に減少し、終にはゼロとなって移動ができなくなり、二〇〇四年が最後の焼畑となった。

焼畑のために草木を伐採する農民。人手が足りない時は労働者を雇うかフローブンという交換労働を行うが、火入れの一日を除き、村を挙げてのいわゆる共同作業は一切ない。2004年12月、チン州ハカ郡ゾークワ村で、筆者撮影

ここでまず注目されることは、人口圧すなわち土地の希少化に伴う、各村の相続制度の変化である。人口希薄で焼畑適地が人口に対して無限とも言えるような時代には、各世帯が勝手に山を焼いて焼畑をしていた。そして焼畑の希少化に伴い相続制度が変化した。土地が豊富にあった場合は男女問わず子供全員に土地を相続させることができたが、やがては男子のみ、そして

最後には長男のみとなる。チン人の相続制度については、男子だけに相続権があるとか、長子相続であるとか言われてきたが、土地人口比率によって変化してきたものと思われる。

同時に土地所有制度も変化してきた。元来は最初に焼畑を拓いた者がそれを私的に占有した。だんだんと自由に開ける土地がなくなってくると、相続と連動して所有の私的概念も強くなってくる。さらに人口圧が高まると、休閑期間が短くなって、土地の肥沃度も落ちてくる。そして終には世帯内の相続では対処できなくなり、いわば窮余の一策として村による焼畑の管理すなわち共有制が登場してくる。それは有力者優先の土地配分だったり、籤引きだったり、貧困者優先だったり、村によっていろいろな形態をとる。つまり「常識」とは逆に、私有制が先にあってその後に共有制が登場している。

土地所有史論は、共同体の管理する土地が時代を下るごとに狭まって、近代になると私有化されて完全になくなるという筋立てになっているが、チン丘陵では村による共有制は私有制度が行き詰った後に登場してくるのである。またこうした制度変化の導引が生産力にあるのではなく、土地に対する人口圧や農業の商業化にあるのも興味深い。農村調査をしていると、我々が学んできた理論と違う現実にふと出会うことがあり、それがまた思索の刺激となる。原始共産制を理想とし、資本主義の後に、社会主義↓共産主義を想定する思想にも疑念がわいてくる。

〈農村見聞録㊹　二〇一七年五月二六日〉

6．日本人は「共同体」を見たがる

日本人はどうも「村落共同体」（以下、「共同体」）が好きらしい。稲作をしていれば「共同体」、村が生垣に囲まれていれば「共同体」、といった具合である。最近でも、ミャンマーの村の仏教が「共同体」の宗教であるとか、ミャンマーの古代遺跡が「共同体」であるとか、まったく根拠のない議論が横行している。しかし、ミャンマーの村落は、日本人が見たがる癖がある「共同体」ではない。その論拠を示していくことにしよう。

そもそも「共同体」なるものは、「コミュニティ」とは異なり、歴史貫通的に存在するものではない。超歴史的な共同関係ではなく、一定の歴史的な規定性を持った社会関係である。日本においては、「共同体」としての村（近代の行政村ではなく、旧村、大字、あるいは部落）は近世封建体制下の封建権力による支配に対する対抗と従属の中で形成され、小農維持の組織として、今日に至るまで存続してきた（齋藤仁『農業問題の展開と自治村落』日本経済評論社、一九八九年）。

検地による村切りで、村人と居住地と耕地が一体となった村領域が確定し、同時に年貢村請制が導入され、納税は個人ではなく村の共同責任となった。これに伴い、用水管理の単位も個人や個別経営ではなく村となった。また、農業生産や日常生活に必要な薪炭、用材、肥料用の落葉、家畜の餌、屋根を葺くカヤなどを採集する山野も、村を共有（総有）の単位とする入会地となった。

第二次大戦中から行われてきた米穀の供出および一九七〇年代からの減反政策に伴う供出量の割当

上ミャンマーに遍在する塊村（住家が不規則な形にかたまった集落）。これを見ると「共同体」を想起しがちだが、内実はそうではない。2013年8月、マンダレー管区域チャウセー郡にて、筆者撮影

や減反面積の戸別調整は村（旧村、部落）単位で行われた。現在、農地や用水の管理は土地改良区が担っており、個人は「家」→「村」→「土地改良区」という重層的集団に帰属する。村の総有林はまだいろいろなところにある。村切りや村請の残滓は後々まで残ったと言える。

一方ミャンマーの場合、日本の検地にあたる植民地期の地租査定調査では、村とは無関係なクィン（単位耕作地）が基礎となり、耕地を含む村領域という観念は生成しなかった。よって村は地税徴収の単位とはならなかった。社会主義期（一九六二～八八年）に村請的な制度の導入が試みられたものの、ことごとく失敗し、籾米による現物納税（日本の年貢と同じ）は個人の責任に帰された。用水管理に関しても、利害関係者のみが行うことになっており、村に複数の用水路があって、複数の村の農民がこれに関わり、灌漑局の命令と指導に従うことになっているので、村が管理の主体となることはない。またユワミェー（村有地）を持つ村も多少あるが、その管理は少数者に委ねられ、村人がそこからの利益を平等に享受できるわけではない。

村切りと村請があったこと、水利の基本単位であること、村の共有地があること、およびそれらに伴う様々な共同労働があることによって、日本の村は強い凝集性を保つ「共同体」となった。これに対し、ミャンマーの村はそのような歴史的契機を欠いていたのである。

さらに、日本の村には「村の精神」がある、と農村社会学者の鈴木栄太郎はいう。個々人の意志や関係が村を作るのではなく、村の精神が個々人の意志や関係を鋳出するのである、と述べる。そしてこの村の精神を表象し、村そのものを守護するのが領域神である氏神であり、それを祭る神社である。これに対し、寺は地域や地縁に無関心である。氏子は「共同体」が集団として神社を崇拝し維持するのであるが、檀家は各個人が寺院につながることによって相互につながるにすぎない。日本において、氏神信仰は「共同体」の宗教であるが、仏教はそうではない。

ミャンマーの村にも寺にあたる僧院があるが、一つの村に一つだけとは限らない。村の仏教徒は自分の好きな僧院に通い、それは村の内外を問わない。同一世帯内で、親と子が違う僧院に通う事例もある。キリスト教徒の村でも同様である。また領域神であるユワー・サウン・ナッ〔村を守る精霊〕は、主に高齢の女性によって保守されており、村人全員が集団として維持するわけではない。デルタ地帯に至っては、この守護霊は村ではなく、個人の敷地や家屋の守り神でしかなくなる。すなわち、寺もナッも村の共同性を前提とするものではなく、村の凝集性を高めるものでもない［高橋二〇一二］。

このように、ミャンマーの村は日本とは異なり、歴史的にも宗教的（あるいは精神的）にも「共同体」ではない。さらに、次回［農村見聞録㊽］は社会的経済的視点からこの問いを掘り下げてみる。

7．ミャンマーの村は生活のコミュニティ

前回［農村見聞録㊼］、ミャンマーの村は「共同体」ではないと述べた。ではどのような集団あるいは組織と考えたらよいのであろうか。

金銭を伴わない労働交換を共同体的関係という場合がある。ただし当然ながら、それが即座に「共同体」を形成するものではない。ミャンマーではレッサー・アライッ（手間替え）という慣行が知られている。だがこれは個人対個人、一対一の（ダイアディック）「二者関係」で行われるものであり、日本で行われる結（ユイ）のように近隣や親族でグループを形成して、そのグループへの労働拠出を行う、というわけではない。結に似たように見えるグループで、カウッサイッ・スィー（田植え組）が上ミャンマー（中央平原部）の村にはある。ただし、結は内部で労働交換を行う組織であるのに対し、田植え組は外部で稼いでメンバーに賃金を払う組織である。組の頭は、賃金の前貸しによって早乙女を集め、彼女らを田植えに派遣する。組織は頭と個々の早乙女との二者関係で成り立っており、組員相互の結束は全くない。

日本の村によく見られた頼母子講とよく似た金融講もミャンマーの村で散見される。日本的頼母子

講は村人が講という組織へ出資し、講中によって集団的に運営される。ミャンマー的金融講は、個人が組織し、この組織者が掛け金やメンバーの出入等の管理すべてを行い、リスクもすべて追う。構成員同士の信頼関係は一切不要であり、組織者と個々のメンバーの二者間の信頼によって成り立つ。メンバー同士会ったこともない、誰がメンバーかも知らない、といったこともしばしばある。

このように一見共同的に見える経済行為でも、ミャンマーの場合は、集団や組織を前提とする「共同体」的関係ではなく、一人対一人の二者関係である。

シンピュー（得度式）のための式場を設営する人々。村人総出だと言っていたが、集まったのは世帯数にして総数の三分の一程度、「二者関係」で他村から来た人も多かった。2017年3月、ヤンゴン管区域フレグー郡にて、筆者撮影

ミャンマーでは家族さえ二者関係の中で認識される。世帯内において親は子供を「息子よ」「娘よ」と呼び、日本のように「お兄ちゃん」「お姉ちゃん」と最年少の子供から見た家族内の地位を示すような呼び方を親がすることはない。世帯という小集団の中でさえ、個人（ego）は世帯内での地位を意識することなく、自分を中心に他者を息子、娘、父、母、弟、妹、兄、姉と呼ぶ。そしてこうした世帯内の呼称は、egoを中心に世帯外にも放射状に広がり、オジ、オバ、イトコ等の親族に限らず、非親族にも拡大する。

世帯間の関係は、子供が結婚して独立世帯を持って

（オークェ）も、親の敷地内に家屋を立てて居住する「屋敷地共住」の慣習に始まる。この屋敷地は両親とも死亡すると、分割相続されて、屋敷地共住集団は近接居住世帯群に移行する。譲渡や売買でここに非親族世帯の敷地が割り込んでくることもあるし、村内での婚姻や転居で親族の飛び地ができることもある。

親族は、ego の親と配偶者の親との関係を表すカミーカメッやキョウダイの配偶者同士の関係を表すマヤー・ニーアコー、リン・ニーアマといった日本にはないような用語を含んで拡大し、それでも親族関係を表せないとなると、「場の親族（ヤッスェ・ヤッミョー）」といった言葉が適用されたりする。こうした親族・擬似親族の累積的二者関係の中から、個人（ego）が選択的に強弱あるいは濃淡のある種々の二者関係ネットワークを形成する。

こうした親しい人たちのネットワークにいろいろな「触媒」が働くことによって、組織や集団ができる。葬式や結婚があれば慶弔組合、パゴダがあれば仏塔管理委員会、騒乱や牛泥棒が頻発すれば治安維持会、消防車の寄付があれば消防委員会、揚水ポンプの寄付があれば飲料水利用組合、国家の指導があれば農村基金管理委員会や女性会や母子会や協同組合、ＮＧＯの資金提供があれば小規模金融組織、といった具合である。

だが村落「共同体」という規制がある日本の集団ほど強固ではなく、対人関係特にリーダーとの関係が拗《こじ》れたり、「触媒」の魅力がなくなったりすると、個人はあっさりと集団を抜け、脱退者の数が増えれば集団や組織そのものが有名無実し、消滅への道をたどる。

「村の精神」や耕地の共同管理による村人の拘束、非自発的な加入と脱退、外部に対する閉鎖性、出る杭は打たれるといった個性の抑圧、といった「共同体」的性格が、ミャンマーの村落には希薄である。同じ地域社会でも、個人の意思で形成され、成員の個性を発展させることができ、開放的な中間組織である「コミュニティ」的性格が濃厚である。

しかしそのような緩い集団では、年貢の共同責任制、水利組合、機械や設備の共同利用組織といった個人を制約する生産のための組織はできにくい。ミャンマーの村の集団はすべて消費あるいは生活のための集団である。統制力が弱く、個人の束縛感は少ない［髙橋二〇一五］。

すなわち、日本の村が「生産の共同体」であるのに対し、ミャンマーの村は「生活のコミュニティ」であると言えよう［髙橋二〇一六］。

〈農村見聞録㊽　二〇一七年八月四日〉

あとがき

「新聞にミャンマーの農業・農村に関するエッセイを連載しませんか」と、当時産経新聞の記者だった宮野弘之さんに誘われたのは、二〇一三年三月ごろだったように記憶している。その翌月に、月一回のペースで寄稿ということで、フジサンケイビジネスアイ紙上で、「飛び立つミャンマー：高橋昭雄東大教授の農村見聞録」という題の連載が始まった。ミャンマー農業の概要や農村社会の基本構造をまずはわかりやすくまとめ、それらの変容をいくつかの項目に分けて論じていくこと、学術論文では抜け落ちてしまうような村人の個人史や私自身の個人的体験を書くこと、論文としてまとめる前の構想や発表済みの論文のエッセンスをわかりやすい文章で綴ることの三つの観点から、適宜話題を選んで寄稿することにした。だがそれだけだと十数回で種切れとなってしまいかねないので、連載期間中にミャンマーに出張した時に訪れた村や人の話をその都度書いて寄稿した。

農村見聞録シリーズでは、なによりも人々の Everyday life を描きたかった。本書のタイトルを『蒼生のミャンマー』としたのにはそのような意味がある。また「蒼生」の同音異義語には、民主主義が新たに生まれるという意味で「創成」、若い経済がこれから発展するという意味で「壮盛」という単語があり、現在のミャンマーにはちょうどよいのではないかと考えた。

人物を書くにはとにかく多くの人々に会わなければならない。私の話し相手になってくれたたくさんのミャンマー村民の皆さんには心から感謝している。本書では地名や村落名を実名にした。他の研究者や調査者が、私の見聞を追跡調査あるいは検証する際に必要な情報だからである。また物故者についても実名にした。伝記に仮名はあまり使わないと考えるからである。これに対し、存命者に関しては、公人と思われる人は実名、その他は仮名にした。

新聞紙面での初めての連載ということで、最初のうちは、一八〇〇字程度の短い文章に自分の言いたいことをまとめるのに苦労した。そこで二〇〇〇字を超える長い文章を書いてから、それを削って一八〇〇字ほどにつめたこともあった。本書ではいくつかのエッセイを最初の長いバージョンに戻して掲載している。

新聞特有の言い回しにも当初は当惑した。とくに「〇〇である」と書いた原稿が、ことごとく「〇〇だ」に修正されてしまうことには納得がいかなかった。初めのうちは妥協して、「〇〇だ」を受け入れていたが、しつこく「〇〇である」を主張しているうちに、いつの間にか、それが定着していった。本書では、初期に「〇〇だ」と修正された箇所を「〇〇である」と元に戻した。

また新聞紙面では使用してはならない言葉がある、ということにも驚きを感じた。私が覚えている限りにおいては、「道路工夫」〔農村見聞録㉕〕と「屠畜業者」〔農村見聞録㉗〕がこれに引っかかった。これらはそれぞれ「道路作業員」および「食肉処理業者」と校正されて紙面に載った。だが原稿で使った前者の方が文脈のニュアンスとしてしっくりくる。『道路工夫の歌』（河野道工、甲陽書房、一九六一年）とか『世界屠畜紀行』（内澤旬子、解放出版社、二〇〇七年）といった出版物があるので、本書では「道路工夫」と「屠畜業者」に戻した。

ミャンマー語のカタカナ表記についても、日本のマスコミのやり方と私が正しいと思う方法とには齟齬があって、編集者と議論になったことがある。例えば、歴代の国家元首（事実上も含む）であるネ・ウイン、タン・シュエ、そしてアウン・サン・スー・チーは、ネーウィン、タンシュエ、アウンサンスーチー、と中黒を入れずに表記するのが正しい、と私は考える。アウンサン・スーチーなどと書かれても納得がいかない。新聞連載では妥協して、ミャンマー人の名前を中黒付きで表記したこともあったが、本書ではすべて私が正しいと思う表記に修正した。

こうした行き違いが少なからずあったが、それは些末なことである。エッセイのテーマについても、その中での考察や主張についても、私の自由を一〇〇パーセント認めていただいた。そもそも宮野さんが声をかけてくれなかったら、本書のエッセイは生まれなかったし、毎月「そろそろ次の原稿いただけませんか」とメールしてくれなかったら、こんなにも長くは続かなかった。宮野さんの退社後、農村見聞録㉙（二〇一五年九月一八日）から担当が川野智弘さんに代わった。督促がなくなったので、私自身の都合で、何か月も間隔があいたり、一月内に続けて何本も原稿を送ったりと、連載のリズムが著しく崩れたが、川野さんは丁寧に付き合ってくださった。また、農村見聞録シリーズをこの単行本にするのに、いろいろと相談に乗っていただいた。まずはお二人に謝意を表したい。

本書も前作に続いて明石書店から出版させていただくことになった。前作からお世話になっている石井昭男顧問、大江道雅社長、そして今回、企画から出版までの労をとってくださった神野斉編集部部長に感謝申し上げます。

参考文献（自著のみ）

単著
『ビルマ・デルタの米作村―「社会主義」体制下の農村経済―』（研究双書四二三）アジア経済研究所　一九九二年。
『現代ミャンマーの農村経済―移行経済下の農民と非農民―』東京大学出版会　二〇〇〇年。
『ミャンマーの国と民―日緬比較村落社会論の試み―』明石書店　二〇一二年。

論文
「植民地統治下の下ビルマにおける「工業的農業」の展開―ファーニバル説の再検討―」（『アジア経済』第二六巻第一一号　一九八五年）二九～四八ページ。

「下ビルマ米作村における農地政策の展開、１９４７～１９８７年」（『アジア経済』第三一巻第二号　一九九〇年）二～一八ページ。

「ビルマ式社会主義下の農地保有―下ビルマ一米作村の事例―」（『アジア経済』第三一巻第三号　一九九〇年）二七～四四ページ。

「上ビルマ灌漑村における農地保有と農産物の商品化―下ビルマ農村との比較―」（梅原弘光編『東南アジアの土地制度と農業変化』アジア経済研究所　一九九一年）一四九～一八八ページ。

「上ビルマ・チャウセー地方の河川灌漑と農業」（『アジア経済』第三四巻第一二号　一九九三年）三三～六四ページ。

「上ビルマ農村の農外就業と階層構造―社会主義末期の一灌漑村を事例として―」（水野広祐編『東南アジア農村の就業構造』アジア経済研究所　一九九五年）五一～七八ページ。

「米と国家」「米作り農民の1年」（田村克己、根本敬編『アジア読本―ビルマ―』河出書房新社　一九九七年）一〇三～一〇九、一四三～一五二ページ。

「ミャンマーにおける農村間世帯移動と職業階層」（『アジア経済』第三八巻第一一号　一九九七年）二一～二四ページ。

「ビルマにおける農地法制の展開と農民の「所有権」―農地国有化法とネーウィンの「農地制度革命」を中心に―」（加納啓良編『東南アジア農業発展の主体と組織―近代日本との比較から―』アジア経済研究所　一九九八年）二一九～二六〇ページ。

「ミャンマー―困難な市場経済化への移行―」（原洋之介編『アジア経済論』NTT出版　一九九九年）二九五～三二三ページ。

「日本の村、ミャンマーの村」（東洋文化研究所編『アジアを知れば世界が見える』小学館　二〇〇一年）三〇八～三一九ページ。

「ビルマ―軍による「開発」の停滞―」（『岩波講座東南アジア9』岩波書店　二〇〇二年）二〇五～二三〇ページ。

「ミャンマーの国営製糖業と耕作農民」（『東洋文化』第八二号　二〇〇二年）一三七～一六三ページ。

「東北ミャンマー（ビルマ）山間地における棚田の経済的存立構造と資源管理」（『東京大学東洋文化研究所紀要』第一四六冊　二〇〇四年）三〇九～三五二ページ。

「ビルマ（ミャンマー）の山村経済と資源利用」（『季刊　公共研究』第二巻第一号　二〇〇五年）六二三～六三二ページ。

「ミャンマーの棚田と山村経済」（『棚田学会誌―日本の原風景・棚田―』第七号　二〇〇六年）一〇～二三ページ。

"Regional Differences in Agriculture in Burma during the Japanese Occupation Period". In Kei NEMOTO ed. *Reconsidering the Japanese Military Occupation in Burma (1942-45)*. Research Institute for Language and

Cultures of Asia and Africa (ILCAA), Tokyo University of Foreign Studies. 2007. pp.157-178.

「焼畑、棚田、マレー・コネクション―ミャンマー・チン丘陵における資源利用と経済階層―」（『東南アジア研究』四五巻三号　二〇〇七年）四〇四～四二七ページ。

「ビルマ米輸出統計の再検討と「国内」、国境、海外輸出量の変遷」（『東洋文化』八八号　二〇〇八年）四九～六七ページ。

「『鎖国』と経済制裁―周回遅れの開発主義―」（田村克己、松田正彦編『ミャンマーを知るための60章』明石書店　二〇一三年）二九九～三〇三ページ。

「ミャンマー・パテインの精米所経営と市場」（『東洋文化研究所紀要』第一六七冊　東洋文化研究所　二〇一五年）四〇〇～四六六ページ。

「比較の中のミャンマー村落社会論―日本、タイ、そしてミャンマー―」（『東南アジア歴史と文化（東南アジア学会誌）』四四　二〇一五年）五～二六ページ。

「日本の村、ミャンマーの村―共同体とコミュニティ――」（奥平龍二他編『ミャンマー：国家と民族』古今書院　二〇一六年）五二一～五三五ページ。

「体制転換とミャンマー農村社会の社会経済変容」（永井浩、田辺寿夫、根本敬編著『「アウンサンスーチー政権」のミャンマー―民主化の行方と新たな発展モデル―』明石書店　二〇一六年）一一一～一五〇ページ。

【著者】

髙橋 昭雄（たかはし あきお）

1957年千葉県安房郡（現在の南房総市）に生まれる。1981年京都大学経済学部卒業後、アジア経済研究所に入所。1986～88年、同研究所海外派遣員、1993～95年、同調査員としてミャンマーに滞在。1996年より東京大学東洋文化研究所助教授、2002年より同教授。博士（経済学）。著書に、『ビルマ・デルタの米作村――「社会主義」体制下の農村経済』（アジア経済研究所、1992年）、『現代ミャンマーの農村経済――移行経済下の農民と非農民』（東京大学出版会、2000年）、『ミャンマーの国と民――日緬比較村落社会論の試み』（明石書店、2012年）。他にミャンマー経済、農業、村落に関する論文多数。

蒼生のミャンマー

——農村の暮らしからみた、変貌する国

2018年3月20日　初版第1刷発行

著　者　髙橋昭雄
発行者　大江道雅
発行所　株式会社 明石書店

〒101-0021 東京都千代田区外神田6-9-5
電話 03（5818）1171
FAX 03（5818）1174
振替 00100-7-24505
http://www.akashi.co.jp

装丁　明石書店デザイン室
印刷／製本　モリモト印刷株式会社

（定価はカバーに表示してあります）　ISBN978-4-7503-4648-9

中国の歴史を知るための60章
エリア・スタディーズ87 並木頼壽、杉山文彦編著 ◎2000円

中国のムスリムを知るための60章
エリア・スタディーズ106 中国ムスリム研究会編 ◎2000円

北京を知るための52章
エリア・スタディーズ160 櫻井澄夫、人見豊、森田憲司編著 ◎2000円

香港を知るための60章
エリア・スタディーズ142 吉川雅之、倉田徹編著 ◎2000円

台湾を知るための60章
エリア・スタディーズ147 赤松美和子、若松大祐編著 ◎2000円

現代台湾を知るための60章【第2版】
エリア・スタディーズ34 亜洲奈みづほ著 ◎2000円

モンゴルを知るための65章【第2版】
エリア・スタディーズ4 金岡秀郎著 ◎2000円

現代モンゴルを知るための50章
エリア・スタディーズ133 小長谷有紀、前川愛編著 ◎2000円

内モンゴルを知るための60章
エリア・スタディーズ135 ボルジギン・ブレンサイン編著 赤坂恒明編集協力 ◎2000円

現代韓国を知るための60章【第2版】
エリア・スタディーズ6 石坂浩一、福島みのり編著 ◎2000円

韓国の歴史を知るための66章
エリア・スタディーズ65 金両基編著 ◎2000円

韓国の暮らしと文化を知るための70章
エリア・スタディーズ112 舘野晳編著 ◎2000円

北朝鮮を知るための51章
エリア・スタディーズ53 石坂浩一編著 ◎2000円

コーカサスを知るための60章
エリア・スタディーズ55 北川誠一、前田弘毅、廣瀬陽子、吉村貴之編著 ◎2000円

カザフスタンを知るための60章
エリア・スタディーズ134 宇山智彦、藤本透子編著 ◎2000円

テュルクを知るための61章
エリア・スタディーズ148 小松久男編著 ◎2000円

〈価格は本体価格です〉